AF259527

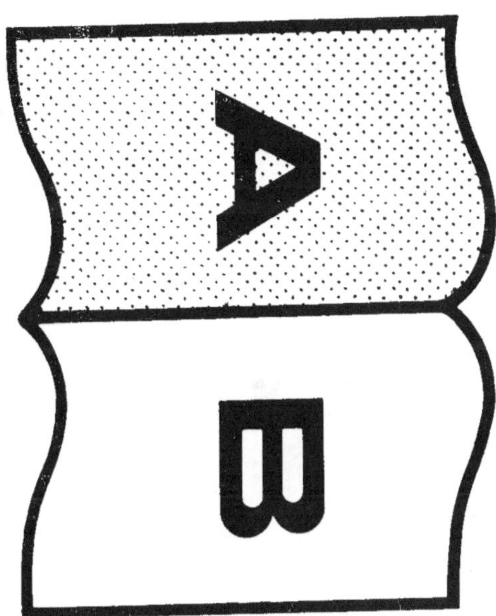

A
B

Texte détérioré — reliure défectueuse

NF Z 43-120-11

EXTRAIT DES MÉMOIRES

DU

MUSÉE ROYAL D'HISTOIRE NATURELLE DE BELGIQUE

T. I

LES
COPROLITHES DE BERNISSART

PAR

C.-EG. BERTRAND

PROFESSEUR A L'UNIVERSITÉ DE LILLE

PREMIÈRE PARTIE

Les Coprolithes qui ont été attribués aux Iguanodons

ANALYSES CHIMIQUES PAR M. LE PROFESSEUR E. LUDWIG

ANNÉE 1903

BRUXELLES

POLLEUNIS & CEUTERICK, IMPRIMEURS

37, RUE DES URSULINES, 37

TABLE DES MATIÈRES

LES COPROLITHES DE BERNISSART

I

Les Coprolithes qui ont été attribués aux Iguanodons

INTRODUCTION

SOMMAIRE

§ 1. — Le type coprolithique dominant de Bernissart. — Comment on a été conduit à l'attribuer aux Iguanodons.

§ 2. — Comment j'ai été amené à constater que les coprolithes dominants de Bernissart sont des fécès de carnassier fossilisées et non des fécès d'herbivore.

§ 3. — Premières questions soulevées par cette constatation.

Doit-on conserver la première attribution qui en a été faite?

Peut-on les attribuer à d'autres représentants connus de la faune de Bernissart?

Faut-il les rapporter à un animal dont les ossements n'ont pas été retrouvés?

Quelles indications les coprolithes donnent-ils sur les habitudes de cet animal?

Jusqu'à quel degré ces indications permettent-elles de circonscrire sa détermination zoologique?

Indications que ces coprolithes fournissent sur le milieu où ils ont été émis et sur leurs conditions de dépôt.

§ 4. — Autres questions incidentes.

Quel est l'état de conservation des restes bactériens primitivement contenus, ou ultérieurement développés, dans ces coprolithes?

Qu'a donné, en se fossilisant dans une argile humique, sans intervention de bitume, la matière de ces fécès de carnassier? — L'opposition des coprolithes phosphatiques blonds et du charbon de coprolithes.

Degrés d'effacement de la structure initiale qui ont été rencontrés. — Figures pseudo-organiques introduites par la précipitation de la limonite membraneuse.

§ 5. — Limites de ce premier travail. — Programme suivi dans la présentation de ses résultats.

2. — 1903.

§ 1. — Le type coprolithique dominant de Bernissart. — Comment on a été conduit à l'attribuer aux Iguanodons.

Au cours des fouilles faites à Bernissart pour l'extraction des Iguanodons, l'exploration méthodique de l'argile enveloppante a permis d'y recueillir un assez grand nombre d'échantillons de coprolithes. En comptant comme des pièces distinctes tous les spécimens qui n'ont pu être directement raccordés entre eux, il en a été trouvé 280.

On y reconnaît de suite plusieurs formes. Une première sériation, faite d'après des caractères macroscopiques, forme d'ensemble, détails visibles à l'œil nu et à la loupe, a permis d'y distinguer trois types.

L'un de ces types est de beaucoup le plus répandu, c'est le *type dominant*. C'est lui seul qu'on voit tout d'abord. Il est représenté par 183 échantillons, soit une proportion de 0.64. Il est vrai que c'est sur cette catégorie que pourraient se produire les plus fortes réductions numériques. Après un examen détaillé de tous les spécimens, il me paraît possible d'affirmer que le nombre des coprolithes distincts ou unités organiques, appartenant à ce type dominant, ne peut varier qu'entre un maximum de 123 et un minimum de 90. La proportion relative de ce premier type de coprolithe par rapport à l'ensemble n'oscille donc qu'entre 0.65 et 0.67 [1] [2].

Ce qui frappe d'abord dans le type coprolithique dominant, c'est à la fois sa forme d'ensemble en boudin allongé, effilé d'un côté, et son grand volume (Fig. 83, Pl. VII). Après la contraction qui s'est produite pendant la fossilisation, le coprolithe a encore le volume des crottins d'un gros chien danois. Ses diamètres transversaux sont en moyenne DH = 27^{mm}, DV = 23^{mm} ; ils s'élèvent jusqu'à DH = 48^{mm}, DV = 37^{mm} [3]. La longueur L est 110. Elle peut atteindre 130^{mm}. Il ne contient pas d'écailles et, sauf de bien rares exceptions, il ne contient pas d'os immédiatement visibles. On a donc l'impression de déjections émises par un animal d'assez forte taille dont le régime n'est pas immédiatement reconnaissable.

La taille de ces coprolithes, jointe à l'absence constante d'écailles et d'os, exclut immédiatement l'attribution de ces restes aux Crocodiliens de Bernissart dont les dents écartées laissaient passer des fragments d'os et des écailles. A plus forte raison, on a dû écarter les tortues et tous les poissons trouvés dans le même gisement.

Ayant ainsi éliminé presque tous les représentants de la faune de Bernissart, le

---

[1] Ces nombres tiennent compte des fragments de coprolithes enrobés dans la limonite que j'ai laissés dans les nodules ferrugineux toutes les fois que la matière coprolithique était en très petite quantité par rapport à la limonite.

[2] Par rapport au volume de la masse fouillée dont les dimensions ont été environ : longueur, 75^{m}00, largeur très variable comptée approximativement en moyenne à 10^{m}00, hauteur, 34^{m}00, soit 20 à 25 mille mètres cubes, le coefficient de fréquence au mètre cube est de 0,011 à 0,014.

[3] L'abréviation DH signifie Diamètre horizontal, — DV : Diamètre vertical.

calibre relativement élevé de quelques exemplaires a particulièrement attiré l'attention (Fig. 95, Pl. VII). Ce fait, joint à la fréquence des échantillons, a conduit à penser aux déjections de jeunes sujets du genre Iguanodon. C'est sous cette première détermination, essentiellement provisoire, qu'ils ont été exposés dans les Galeries du Musée.

Mais, si les coprolithes dominants viennent bien des argiles grises où étaient enfermés les restes des grands Dinosauriens, un bien petit nombre de spécimens ont été ramassés dans les blocs mêmes qui contenaient les squelettes. Un spécimen porte la mention expresse « *trouvé dans le bloc de l'Iguanodon M* [1] ». Deux autres ont été trouvés dans le bloc de l'Iguanodon IZ [2]. Les coprolithes n'ont donc pas été trouvés dans les carcasses de ces animaux. Il n'y a donc pas un caractère de connexité qui impose de suite l'attribution des coprolithes du type dominant à ces grands reptiles. C'est parce qu'ils sont parfois de grand volume, plus nombreux, que, procédant par exclusion, on a été amené à les attribuer aux plus grands vertébrés de la faune de Bernissart et à ceux qui y paraissent le plus répandus.

§ 2. — Comment j'ai été amené à constater que ces coprolithes sont des fécès de carnassier fossilisées et non des fécès d'herbivore.

Par leur nature même, les coprolithes dominants de Bernissart ont contenu, à l'origine au moins, des organismes bactériens. Il est même vraisemblable que des bactéries et d'autres espèces végétales très inférieures ont continué d'y évoluer après leur émission. On sait le parti que nous avons tiré, M. Renault et moi, des coprolithes permiens d'Autun, de Saint-Hilaire et de Commentry pour la connaissance des espèces végétales inférieures des temps primaires. Je pouvais donc espérer que l'analyse microscopique du matériel de Bernissart donnerait des indications sur les végétaux inférieurs du temps des Iguanodons et sur les modes de conservation de ces documents phytologiques. C'est pour répondre à ce desideratum tout botanique que j'ai sollicité et obtenu l'autorisation d'étudier les coprolithes de Bernissart.

L'examen macroscopique m'apprit qu'il n'y a pas de restes végétaux immédiatement visibles dans les coprolithes dominants. Ce n'est pas là un caractère accidentel. Tous les échantillons donnent cette même indication négative d'une alimentation végétale, herbacée, granivore ou frugivore. Quelques exemplaires, qui contiennent une parcelle végétale minuscule accidentellement enfermée dans la masse, disent que la matière végétale, se fossilisant dans ce milieu, y passait régulièrement à l'état de lignite. Si donc la matière végétale y avait existé en proportion notable au degré de broyage où l'amène un végétarien

---

[1] Échantillon n° 87RN qui est une extrémité terminale brisée.

[2] Échantillons n° 100RV, pièce complète (Fig. 190 et 191; Pl. XV); et n° 100RV *bis* qui est une extrémité terminale.

ordinaire, elle se retrouverait conservée à un état reconnaissable ([1]). Il y avait donc lieu de douter que ces gros coprolithes de Bernissart provinssent de la fossilisation de fécès d'herbivores.

L'examen ultérieur de coupes minces, prélevées dans les meilleurs échantillons, a montré, fait à coup sûr inattendu, des fragments de fibres musculaires striées noyés dans une pâte bactérienne. Et, fait plus surprenant encore, il n'y a jamais d'écailles ; les fragments d'os y sont une rareté. Les débris végétaux y sont aussi rares que les parcelles osseuses. Il s'agit donc des déjections d'un carnassier d'une certaine taille et non des fécès fossilisées d'un animal herbivore. Or, on sait qu'en s'appuyant sur l'organisation du système dentaire et sur la constitution d'ensemble de l'animal, on a attribué aux Iguanodons un régime alimentaire herbivore.

§ 3. — Premières questions soulevées par cette constatation.

Cette constatation soulevait immédiatement quelques questions.

Convient-il de conserver à ces coprolithes la première attribution zoologique qui en a été faite? Alors on se heurte aux indications données par l'appareil dentaire des Iguanodons.

Faut-il, au contraire, rapporter ces coprolithes à l'un des autres représentants connus de la faune de Bernissart? Il est immédiatement évident que les Crocodiliens *Goniopholis*, *Bernissartia*, avec leurs dents plus ou moins isolées, laissaient passer dans leurs fécès des débris d'os et des écailles. De plus, les coprolithes dominants sont généralement trop gros pour provenir de Crocodiliens de cette taille. Nous verrons même par la suite que l'un des autres types de coprolithes récoltés présente les caractères essentiels des crottins des Crocodiliens et doit être attribué à ces animaux. Nous devons donc écarter les Crocodiliens de Bernissart comme auteurs des coprolithes du type dominant. A plus forte raison, faut-il écarter, pour les mêmes motifs, les tortues et tous les poissons.

Faut-il donc voir dans ces coprolithes dominants les déjections d'une espèce animale dont les ossements n'ont pas été rencontrés dans l'immense fouille souterraine effectuée de 1878 à 1882. Il est impossible que les pièces squelettiques d'un carnassier plus grand qu'un *Goniopholis* aient échappé aux explorateurs de Bernissart si elles se fussent rencontrées dans la masse d'argile retirée de la fosse. Je puis émettre cette affirmation, ayant eu occasion de constater maintes fois le soin extrême et la minutie qui ont été apportés à la recherche des échantillons, à leur récolte et à leur conservation. Il y a eu là, de la part du personnel chargé de l'exploration et de la récolte, des prodiges d'observation, d'habileté, de tact, et comme une préscience extraordinaire des questions qui seraient posées par la

---

([1]) Voir chapitre XIII, § 78. — *Expériences sur la destruction des crottins.*

suite aux échantillons récoltés. Bernissart apparaît alors comme le lieu de chasse et le dépotoir d'un animal carnassier qui s'en écartait assez pour que ses ossements n'aient jamais été rapportés dans les masses d'argile qui remplissaient l'immense fosse qui a sondé sur 34 mètres de hauteur un terrain où l'on a trouvé tant de richesses zoologiques *sous la forme de cadavres entiers*. Dans ce cas, quelles indications les coprolithes dominants donnent-ils sur les habitudes spéciales de l'animal qui les a produits? Jusqu'où permettent-ils de conduire sa détermination zoologique? Les conditions si particulières de son alimentation, révélées par l'analyse des coupes minces, limitent singulièrement le champ des attributions possibles.

Ces coprolithes donnent-ils quelques renseignements sur le milieu dans lequel ils ont été émis, sur les conditions dans lesquelles ils se sont déposés? S'est-il par exemple développé à leur surface une flore adventice, comme il arrive sur les crottins noyés, mais non enfouis dans la vase, et sur ceux qui demeurent enfermés dans l'air presque confiné, immobilisé entre les hautes herbes?

§ 4. — Autres questions ou questions incidentes.

A côté de ces indications directes tirées de la constitution, de l'origine et du dépôt de ces gros coprolithes, il en est d'autres en apparence incidentes, mais très importantes pour mes études spéciales et pour lesquelles l'analyse micrographique des coprolithes de Bernissart offrait une occasion unique d'être renseigné. Ce sont ces questions très spéciales qui justifient la confiance qui m'a été témoignée en me permettant l'examen de ces pièces si rares. Elles excuseront le botaniste que je suis de s'être aventuré hors des limites du domaine apparent de ses études et de risquer la publication d'un travail sur des documents zoologiques d'une si grande valeur.

Quelles réponses les coprolithes dominants donnent-ils à la question initiale que je m'étais posée, à savoir dans quel état de conservation les organismes bactériens et les autres végétaux inférieurs qui existaient dans les coprolithes de Bernissart, ou qui s'y sont développés ultérieurement, nous sont-ils parvenus?

D'autre part, qu'a donné, en se fossilisant dans une argile humique, *sans intervention de bitumes,* la matière de ces fécès de carnassier. L'analyse des roches charbonneuses d'origine organique m'a conduit à des idées très particulières sur les conditions nécessaires à la formation de ces roches et sur les procédés de fossilisation qui y ont été mis en jeu. J'ai été amené à parler de charbons humiques, de charbons de purins, de charbons d'os, de charbons de coprolithes, en présentant ces formations non pas seulement comme le résultat d'une fermentation carbonée qui les a amenées, en milieu humique, à l'état de masses charbonneuses, mais comme étant des substratums organiques, enfouis en milieu humique, à divers degrés d'altération qui se sont accidentellement enrichis en carbone, en retenant, en localisant les infiltrations de carbures d'hydrogène, les matières bitumineuses, qui ont traversé les argiles qui les contiennent, ou même simplement la couche organique où ils sont placés.

Les conditions de formation, que révèle l'analyse de l'argile de Bernissart, sont identiquement les mêmes que celles du *Casing* de Hartley ([1]) et des schistes à boghead de l'Autunois : Argile se déposant en milieu humique, c'est-à-dire réalisant toutes les conditions requises à l'établissement des fermentations carbonées qu'on invoque pour la formation des houilles. A Bernissart, le résultat est une argile grise avec des lignites et des coprolithes blonds. Ces derniers sont encore organiques, phosphatiques et rendus ferrugineux par apport tardif de limonite. Ils sont appauvris en matière organique et particulièrement en carbone. A Bernissart, il n'y a certainement pas eu d'infiltrations bitumineuses, par conséquent pas de causes d'enrichissement. Le substratum organique s'y montre épuisé et non charbonneux. De là, un intérêt très grand pour moi d'analyser micrographiquement ce rare matériel, étant donné le rôle qu'on tend à attribuer aux Bactéries dans la formation de la houille.

Les coupes minces montrent de suite que la structure initiale de la matière coprolithique a été plus ou moins effacée pendant sa fossilisation, en même temps qu'il y a eu apport de substances étrangères. Au premier rang de celles-ci, les sels de fer ont précipité dans le coprolithe à l'état de limonite et cette matière est en membranes affectant souvent des figures pseudo-organiques. Ces figures de minéralisation s'ajoutent aux figures organiques, elles les troublent ou les voilent, et, trop souvent hélas, elles subsistent seules. Quelles sont les principales étapes rencontrées dans l'effacement de la structure initiale des coprolithes? D'autre part, quelles sont les figures introduites par la précipitation de la limonite membraneuse? Comme les figures, introduites par les membranes de limonite, reproduisent souvent des formes de tissus végétaux simples et des formes d'organites végétaux inférieurs entiers, — spores, bactéries, — qu'il devient presque impossible de distinguer des moulages de ces organites, on voit l'importance grandissante que prend le problème des corps bactériformes ou bactérioïdes auxquels M. B. Renault a attribué un si grand rôle dans la formation des charbons, en les considérant comme les restes des bactéries productrices de la fermentation carbonée ([2]).

([1]) Voir C. Eg. BERTRAND. *Les charbons humiques et les charbons de purins*, Lille, 1898.
   C. Eg. BERTRAND et B. RENAULT. *Reinschia australis et le Kerosene Shale de la Nouvelle Galles du Sud*, Autun, 1896.
   C. Eg. BERTRAND. *Nouvelles remarques sur le Kerosene Shale de la Nouvelle Galles du Sud*, Autun, 1894.
   C. Eg. BERTRAND. *Premières notions sur les charbons de terre*, Saint-Etienne, 1898.
([2]) B. RENAULT. *Sur quelques microorganismes des combustibles fossiles.* — BULLETIN DE LA SOCIÉTÉ DE L'INDUSTRIE MINÉRALE, 3° sⁱᵉ, tomes 13 et 14, 1899-1900.

§ 5. — Limites de ce premier travail. — Programme suivi dans la présentation de ses résultats.

Je me limiterai, dans ce premier travail, à l'étude des coprolithes dominants de Bernissart, c'est-à-dire à ceux que l'on pensait provenir des Iguanodons. Je dois avertir que j'ai déjà fait cependant une première analyse micrographique des autres types de coprolithes pour tenir compte des indications comparatives qu'ils pouvaient donner et pour éviter aussi de négliger certains faits importants ou certaines restrictions qu'ils pouvaient signaler. Nous présenterons ces analyses dans un travail ultérieur.

Je suivrai, pour cette première monographie, l'ordre ci-après dans la présentation des résultats obtenus.

CHAP. I. — La composition chimique des coprolithes, de leur gaîne d'enrobement, et de l'argile entourante.

CHAP. II. — Les faits qui permettaient d'affirmer immédiatement qu'il s'agissait de coprolithes et non point de concrétions à faciès organique.

CHAP. III. — L'état de la matière fossilisante et premières notions sur les états de conservation des divers types d'objets qui s'y peuvent rencontrer.

CHAP. IV. — Le choix de l'échantillon moyen des coprolithes dominants.

CHAP. V. — La morphologie du coprolithe dominant.

CHAP. VI. — La structure du coprolithe. — Sa flore bactérienne.

CHAP. VII. — Les modifications des coprolithes par minéralisation tardive et les figures introduites par la limonite membraneuse. — Étapes de l'effacement de la structure du coprolithe.

CHAP. VIII. — Le contact du coprolithe et de l'argile entourante. — L'enrobement du coprolithe dans un nodule ferrugineux.

CHAP. IX. — Les variantes trouvées dans les coprolithes dominants de dimensions moyennes. — Les disques isolés. Les tortillons.

CHAP. X. — Les variantes trouvées dans les coprolithes dominants de grande taille.

CHAP. XI. — Les variantes trouvées dans les coprolithes dominants de petite taille.

CHAP. XII. — Les habitudes alimentaires du carnassier producteur des coprolithes dominants de Bernissart. — Limitation de l'attribution zoologique de ses fécès.

CHAP. XIII. — Les conditions de dépôt de ces coprolithes.

CHAP. XIV. — Conclusions de ce premier travail.

CHAP. XV. — Explication des planches. — Caractères spéciaux de la composition des planches et de leur explication.

En terminant cette Introduction, je présente l'expression de ma profonde reconnaissance à M. E. Dupont, directeur du Musée, pour les facilités qu'il s'est ingénié à me donner pour mener à bien ce long travail. Je remercie MM. les conservateurs Dollo, Klement, Severin, ainsi que le professeur Abel, de Vienne, pour les indications zoologiques et minéralogiques qu'ils ont bien voulu me donner.

Je dois des remerciements tout particuliers à M. le professeur Ludwig, de Vienne, pour les analyses chimiques qu'il a faites des échantillons que j'avais choisis.

Je suis très obligé à M. le professeur Lambling, de Lille, de toutes les indications qu'il m'a communiquées sur la composition des fécès.

Je remercie aussi le personnel des ateliers et en particulier M. Sonnet, chef de ce service, pour l'assistance qu'il m'a donnée dans le triage des spécimens et pour l'aide que j'en ai reçue lors de la prise des épreuves photographiques.

Les plaques minces ont été faites par M. R. Brunnée, de Gottingue, auquel je suis reconnaissant des soins particuliers apportés dans la confection de ces difficiles préparations.

Les photographies macroscopiques ont été prises par M. E. Castelein sur les échantillons que je présentais sous l'orientation la plus favorable à la mise en évidence du caractère que je voulais montrer. J'ai fait moi-même toutes les photographies microscopiques en employant l'appareil du regretté Maurice Hovelacque.

CHAPITRE I

La composition chimique des coprolithes, de leur gaîne d'enrobement et de l'argile entourante.

SOMMAIRE

§ 1. — La composition chimique de la matière des coprolithiques sans croûte.
§ 2. — La composition chimique de la gaîne d'enrobement.
§ 3. — La composition chimique de l'argile grise. — Indications spéciales relatives à sa patine.
§ 4. — Tableaux comparatifs présentant la composition centésimale des cendres totales et celle de la matière sèche totale.
§ 5. — Caractères chimiques de la matière coprolithique. — Conséquences.
§ 6. — Caractères chimiques de l'argile grise. — Caractères chimiques de sa patine. — Conséquences.
§ 7. — Caractères chimiques de la gaîne d'enrobement ou gaîne ferrugineuse. — Conséquences.
§ 8. — Conclusions.

Les analyses chimiques ont été faites par M. le Professeur Ludwig, de Vienne, sur les échantillons que j'avais spécialement choisis à cette intention. Je lui renouvelle ici l'expression de ma très vive gratitude, ainsi qu'à M. le conservateur Klement qui nous a mis en rapport à cette occasion.

§ 1. — Composition chimique de la matière coprolithique sans croûte ([1]).

1. Eau restante ([2]) . . . . 2.66 p. 100
2. La matière séchée à 110°, chauffée avec du chromate de plomb, donne :
    Eau . . . . . (hydrogène 0.65). . 5.85 p. 100
    Carbone, déduction faite du carbone provenant des carbonates ([3]) 3.96 p. 100

([1]) L'échantillon analysé a été formé par la pulvérisation de fragments provenant des échantillons :

31 J. et 55 J, coprolithes de teinte café au lait très clair, sans gaîne ferrugineuse ;

23 R, coprolithe plus foncé brun qui a un début de gaîne ferrugineuse et quelques cavernes ;

9 J, coprolithe nettement ferrifié.

La croûte superficielle des échantillons avait été enlevée par un grattage au couteau.

([2]) L'humidité de la matière a été déterminée par séchage dans l'air à 110°.

([3]) Les dosages du carbone et de l'eau, contenus dans la matière sèche, ont été faits en chauffant celle-ci avec du chromate de plomb. On a retranché du carbone la partie correspondante à l'acide carbonique des carbonates.

3. Azote contenu dans 100 parties de la matière sèche .   .   .   0.20 p. 100
4. Soufre libre contenu dans 100 parties de la matière sèche([1])   .   0.00 p. 100
5. L'incinération de 100 parties de matière sèche donne :

     Produits volatils .   .   .   .   9.54 p. 100
     Cendres.   .   .   .   .   90.46 p. 100

     De ces 90.46 p. 100 de cendres,
         89.73 sont solubles dans l'acide chlorhydrique à 20 p. 100 ;
         0.73 sont insolubles dans l'acide chlorhydrique à 20 p. 100 ([2]).

6. Composition centésimale de la partie soluble des cendres.

Peroxyde de fer ($Fe_2 O_3$).	4.69
Phosphate calcique ($Ca_3 P_2 O_8$).	77.29
Chaux ($Ca O$)	13.64
Magnésie	traces
Potasse ($K_2 O$)	—
Soude ($Na_2 O$).	—
Alumine ($Al_2 O_3$).	—
Silice (soluble) ($Si O_2$)	—
Fluor	0.34 ([3])
Anhydride sulfurique (SO_3).	3.91

Total : 99.87

7. Composition centésimale de la partie insoluble des cendres.

Peroxyde de fer ($Fe_2 O_3$)	traces
Chaux.	—
Alumine insoluble	—
Silice insoluble ($Si O_2$).	82.19
Acide titanique	17.80

Total : 99.99

8. La matière coprolithique séchée à 110° contient :

Phosphate de chaux	69.36 p. 100
Sulfate de chaux ([4]).	6.01 p. 100
Carbonate de chaux.	8.48 p. 100

([1]) Pour le dosage du soufre libre, la substance séchée a été épuisée à l'abri de l'air avec du sulfure de carbone fraîchement distillé. Le résidu, laissé après évaporation de l'extrait dans un courant d'hydrogène, a été pesé et caractérisé comme soufre.

([2]) Pour connaître les proportions soluble et insoluble du résidu de calcination, le résidu a été traité par l'acide chlorhydrique à 20 p. 100 et les deux parties furent soumises à une analyse complète. La proportion variera un peu avec la durée du traitement par l'acide.

([3]) A déduire 0,14 p. 100 pour l'oxygène correspondant au fluor.

([4]) Au sujet du sulfate calcique et de la pyrite, on a procédé comme il suit : La substance sèche, épuisée par le sulfure de carbone, a été traitée par l'eau pour en extraire le sulfate calcique. Ensuite on l'a traitée par l'acide chlorhydrique à 2 p. 100 pour dissoudre les sulfates basiques de fer et d'alumine. Dans le résidu obtenu, on oxyda la pyrite par l'acide azotique et l'on dosa l'acide sulfurique formé.

9. La lessive de potasse à 0.1 donne une solution brune. La coloration est due à une substance qui se comporte comme les matières humiques et qui contient de l'azote [1].

10. La matière coprolithique ne renferme ni acide urique ni aucune des combinaisons du groupe de cet acide. Il n'y a ni acide hippurique ni son dérivé l'acide benzoïque.

§ 2. — Composition chimique de la gaîne d'enrobement du coprolithe [2].

1. Eau restante . . . . - . 3.91 p. 100

2. La matière séchée à 110° chauffée avec du chromate de plomb donne :

  Eau . . . . hydrogène 0.88 . . 7.98 p. 100

  Carbone, déduction faite du carbone provenant des carbonates 3.18 p. 100

3. Azote contenu dans 100 parties de la matière sèche . . . 0.15 p. 100

4. Soufre libre contenu dans 100 parties de la matière sèche. . 0.04 p. 100

5. L'incinération de 100 parties de la matière sèche donne :

  Produits volatils . . . . 11.25 p. 100

  Cendres. . . . . . . , . 88.75 p. 100

De ces 88.75 p. 100 de cendres,

  38.36 sont solubles dans l'acide chlorhydrique à 20 p. 100.

  50.12 sont insolubles dans l'acide chlorhydrique à 20 p. 100,

6. Composition centésimale de la partie soluble des cendres.

Peroxyde de fer ($Fe_2 O_3$)	41.15	
Phosphate calcique ($Ca_3 P_2 O_8$)	40.03	
Chaux ($Ca O$)	11.40	
Magnésie	traces	
Potasse ($K_2 O$)	traces	99.49
Soude ($Na_2 O$).	1.70	
Alumine soluble ($Al_2 O_3$)	—	
Silice (soluble) ($Si O_2$)	1.01	
Fluor	traces	
Anhydride sulfurique ($S O_3$)	4.20	

---

[1] Le chauffage de la matière coprolithique, en présence de chaux sodée, dégage une très légère odeur d'ammoniaque.

[2] L'échantillon analysé a été formé, en enlevant au couteau le plus soigneusement possible des morceaux des gaines des échantillons 23 R. 41 V. 26 V. 81 R.

7. Composition centésimale de la partie insoluble des cendres :

Peroxyde de fer ($Fe_2 O_3$)	2.42	
Chaux	traces	
Magnésie	traces	100.14
Alumine insoluble	4.14	
Silice insoluble	92.18	
Acide titanique	1.40	

8. La gaîne d'enrobement, séchée à 110°, contient :

Phosphate de chaux	15.34 p. 100
Sulfate de chaux	3.63 p. 100
Carbonate de chaux	1.39 p. 100

9. La substance ne renferme ni acide urique ni d'autres combinaisons analogues, ni acide hippurique, ni acide benzoïque.

§ 3. — Composition chimique de l'argile grise sans patine ([1]).

1. Eau restante . . . . 1.74 p. 100

2. La matière séchée à 110°, puis chauffée avec le chromate de plomb donne :

Eau. . . . . . (hydrogène 0.90. .	8.11 p. 100
Carbone, déduction faite du carbone provenant des carbonates	2.31 p. 100

3. Azote contenu dans 100 parties de la matière sèche.   N'a pas été déterminé.

4. Soufre libre contenu dans 100 parties de la matière sèche . . 0.25 p. 100

5. L'incinération de 100 parties de la matière sèche donne :

Produits volatils	9.50 p. 100
Cendres.	90.50 p. 100

De ces 90.50 p. 100 de cendres

8.94 sont solubles dans l'acide chlorhydrique à 20 p. 100,

81.56 sont insolubles dans l'acide chlorhydrique à 20 p. 100.

([1]) L'analyse de l'argile grise a été faite sur l'échantillon unique 35 R. dont j'avais enlevé totalement la patine. L'argile était stratifiée bien régulièrement, sans fissures intérieures, de teinte moyenne, sans parcelles lignitifiées visibles, et au contact immédiat d'un coprolithe pour saisir s'il se pouvait la migration des phosphates. L'argile de Bernissart peut se présenter *brune* et même *brun chocolat*. Ces lits bruns à coupure savonneuse sont bien plus riches en gelée humique et en corps jaunes.

On trouvera p. 21 les indications relatives à la composition chimique de la patine que j'avais enlevée.

6. Composition centésimale de la partie soluble des cendres :

Peroxyde de fer ($Fe_2 O_3$)	25.39	
Acide phosphorique	—	
Chaux (Ca O)	3.29	
Magnésie	—	
Potasse ($K_2 O$)	8.08	
Soude ($Na_2 O$)	6.59	99.69
Lithine	traces	
Alumine (soluble) ($Al_2 O_3$)	51.85	
Silice soluble	2.69	
Fluor	—	
Anhydride sulfurique	1.80	
Acide titanique	—	

7. Composition centésimale de la partie insoluble des cendres :

Peroxyde de fer	1.97	
Chaux	0.11	
Magnésie	—	99.39
Alumine insoluble	9.72	
Silice insoluble ($Si O_2$)	86.79	
Acide titanique ($Ti O_2$)	0.80	

8. L'argile ne contient pas de carbonates.

9. L'argile séchée à 110° abandonne à l'eau 0.51 de sulfate calcique ainsi que des traces de sulfate de fer et d'alumine.

L'acide chlorhydrique à 2 p. 100 enlève encore 2.92 p. 100 de sulfate de fer et d'alumine.

10. L'argile, séchée à 110° et ensuite épuisée successivement par le sulfure de carbone, par l'eau et par l'acide chlorhydrique, puis soumise à l'action de l'acide azotique, donne une quantité d'acide sulfurique qui correspond à 0.1 p. 100 de soufre ou à 0.19 p. 100 de pyrite.

L'argile colore en brun la lessive de potasse à 0.1. La substance ainsi dissoute montre les caractères des matières humiques, mais la détermination de sa nature exacte n'était pas possible.

Indications spéciales sur la composition chimique de la croûte superficielle
ou patine de l'argile.

1. Eau restante . . . . 2.57 p. 100

2. La matière, séchée à 110° et chauffée avec du chromate de plomb, donne :

Eau	6.43 p. 100
Carbone	2.44 p. 100

3. Azote contenu dans 100 parties de matière séchée à 110° . . . Non déterminé.

4. Soufre libre contenu dans 100 parties de matière séchée à 110° . 0.12 p. 100

5. Elle ne renferme ni phosphates ni carbonates.

6. Séchée à 110°, la matière abandonne à l'eau 6.58 p. 100 de sulfate calcique et des traces de sulfate de fer et d'alumine.

7. L'acide chlorhydrique à 2 p. 100 extrait encore 3.26 p. 100 de sulfates de fer et d'alumine.

8. La matière, séchée à 110°, épuisée par le sulfure de carbone, l'eau, l'acide chlorhydrique à 2 p. 100, puis traitée par l'acide azotique, accuse une quantité d'acide sulfurique qui répond à 1.9 p. 100 de soufre ou à 3.56 p. 100 de pyrite.

Nous avons réuni dans le tableau qui suit les indications numériques qui résultent des données ci-dessus, en les rapportant à 100 de cendres pour la matière coprolithique, pour la gaîne d'enrobement et pour l'argile.

§ 4. — Tableaux comparatifs présentant les compositions centésimales des cendres totales et de la matière sèche totale.

TABLEAU I.

COMPOSITION CENTÉSIMALE DES CENDRES TOTALES.

	MATIÈRE COPROLITHIQUE SANS CROUTE			Proportion contenue dans 100 parties de matière sèche	GAÎNE D'ENROBEMENT			Proportion contenue dans 100 parties de matière sèche	ARGILE GRISE			Proportion contenue dans 100 parties de matière sèche
	partie soluble	partie insoluble	Total		partie soluble	partie insoluble	Total		partie soluble	partie insoluble	Total	
	0.992	0.008		0.9046	0.432	0.564		0.8875	0.008	0.901		0.9050
Peroxyde de fer F_2O_3	4 64	—	4.64	4.19	17.77	1.37	19.15	16.99	1.48	1.77	3.26	2.95
Acide phosphorique	—	—	—	—	—	—	—	—	—	—	—	—
Phosphate calcique ($Ca_3P_2O_8$) .	76.59	—	76.59	69.28	17.29	—	17 29	15.34	—	—	0.00	—
Chaux (CaO)	13.51	—	13.51	12.31	4.92	traces	4.92	4.36	0.32	0.9	0.42	0.38
Magnésie	traces	—	traces	traces	traces	traces	traces	traces	—	traces	traces	traces
Lithine	—	—	—	—	—	—	—	—	traces	—	traces	traces
Potasse (K_2O).	—	—	—	—	traces	—	traces	traces	0.79	—	0.79	0.71
Soude (Na_2O)	—	—	—	—	0.73	—	0.73	0.64	0.64	—	0.64	0.57
Alumine (Al_2O_3)	—	—	0.00	—	—	2.33	2.33	2 06	5.08	8.75	13.83	12.51
Silice (SiO_2)	—	0.65	0.65	0.58	0.43	51 99	52.42	46.52	0.26	78.19	78.46	71 00
Fluor. :	0.33	—	0.33	0.29	traces	—	traces	traces	—	—	—	—
Anhydride sulfurique (SO_3) .	3.87	—	3.87	3.50	1.81	—	1.81	1.60	0.17	—	0.17	0.15
Acide titanique	—	0.14	0.14	0.12	—	0 78	0.78	0.69	—	0.72	0.72	0.65

Les nombres, inscrits en tête de chaque colonne des parties solubles et insolubles, sont les coefficients de réduction qui permettent de transformer la composition centésimale de chaque partie, de manière à donner sa représentation dans la composition centésimale totale de la cendre.

TABLEAU II.

COMPOSITION CENTÉSIMALE DE LA MATIÈRE SÈCHE TOTALE.

	Matière coprolithique		Gaîne coprolithique		Argile grise	
Produits volatils	9.54		11.25		9.50	
Hydrogène.	0.65	5.85 eau.	0.88	7.98	0.90	8.11
Carbone	3.96		3.18		2.31	
Azote.	0.20		0.15		n. dét.	
Soufre libre	0.00		0.04		0.25	
Cendres	90.46		88.75		90.50	
Solubles	89.73		38.36		8.94	
Insolubles	0.73		50.12		81.56	
Phosphate de chaux.	69.36		15.34		0.00	
Sulfate de chaux	6.01		3.63		0.51	
Carbonate de chaux .	8.48		1.39		0.00	

Proportions relatives des trois sels de chaux sur l'ensemble de ces sels.

	Matière coprolithique	Gaîne coprolithique	Argile grise
Phosphate de chaux .	0.827	0.753	0.000
Sulfate de chaux	0.070	0.173	1.000
Carbonate de chaux .	0.101	0.068	0.000
	0.998	0.994	1.000
Totalité des sels de chaux dans l'ensemble des cendres.	83.85	20.36	0.51

§ 5. — Caractères chimiques de la matière coprolithique. — Conséquences.

Les résultats analytiques, consignés dans les paragraphes 1 à 4 et dans les tableaux I et II, assignent, à la matière que nous appelons coprolithique, les caractères chimiques suivants :

Elle contient du *carbone organique*. Ce corps y intervient dans la proportion de 3.96 p. 100 qui dépasse de 1.65 p. 100 celle du carbone organique contenu dans l'argile entourante.

Elle contient des *corps humiques* dont certains sont azotés. L'eau potassique au 1/10 suffit pour les extraire de la matière.

L'*azote* n'est pourtant qu'en très faible quantité dans la matière, 0.20 p. 100 seulement.

Elle ne contient *ni urates, ni hippurates*.

Le carbone organique, l'hydrogène et l'azote forment ensemble 4.81 p. 100 de la matière sèche, soit plus de la moitié de ses produits volatils. Dans ces derniers, il n'y a pas de soufre libre.

La matière est essentiellement formée par les trois sels fixes ordinaires des fécès desséchées et lavées : le phosphate, le sulfate et le carbonate calciques. Ils forment ensemble 83.85 p. 100 de la matière sèche. Le phosphate calcique est le corps dominant du mélange. Il intervient à lui seul pour 69.36 p. 100. Il représente 0.827 de la totalité des sels de chaux.

La magnésie n'existe dans la matière qu'à l'état de trace comme dans l'argile entourante.

Il n'y a *ni soude, ni potasse.*

La matière ne contient *pas d'alumine.*

Elle ne contient que très peu de *silice,* 0.58 p. 100.

Elle contient 0.29 p. 100 de *fluor.*

Elle contient 4.19 p. 100 de *peroxyde de fer,* soit 1.24 p. 100 de plus que l'argile. La sulfuration est 23 fois plus grande que celle de l'argile voisine.

Elle contient 5 fois moins d'acide titanique que cette argile.

LA RÉUNION DES TROIS CONDITIONS.

Matières organiques dont certaines sont azotées et encore facilement extractives,

Fluor,

Mélange des trois sels calciques ordinaires des cendres des fécès, avec prédominance du phosphate de chaux,

Spécifie : *matière d'origine animale analogue à un guano dépouillé de ses éléments mobiles.*

L'absence des éléments caractéristiques de l'argile entourante, silice et alumine, dit d'autre part que *ce milieu très particulier n'intervient pas dans la substance comme substratum d'une matière qui s'y serait concrétée.* La notion de remplissage d'une cavité accidentelle est d'ailleurs écartée par la configuration même de l'objet.

Les caractères chimiques de la substance fixent déjà nos idées sur sa nature et sur son origine.

En tant que matière guanique, elle apparaît comme particulièrement riche en phosphate calcique, comme très pauvre en silice.

Elle est dépouillée de la plus grande partie de sa matière organique, de ses urates et hippurates, de ses composés sulfurés.

Elle est presque totalement dépouillée de sa magnésie qui n'y est plus qu'à l'état de traces comme dans l'argile voisine.

Elle est totalement dépouillée de soude et de potasse.

Le peroxyde de fer y est plus abondant que dans les cendres des fécès; il y a eu enrichissement de la matière en fer.

Sauf en ce qui touche le fer, c'est bien l'allure de la transformation des fécès alternativement lavées et séchées.

La proportion très élevée du phosphate calcique par rapport à la silice donne encore une autre indication. *Elle exclut la matière fixe des fèces d'un herbivore et spécifie matière fixe des fèces d'un carnivore.* En effet, tandis que le phosphate calcique est très abondant dans les cendres des fèces des carnivores et des omnivores alors que la silice y est en proportion très faible, c'est l'inverse qui a lieu dans les cendres des fèces des herbivores : la silice y est très abondante et en beaucoup plus grande quantité que le phosphate calcique. En accusant 69.36 p. 100 de phosphate de chaux contre 0.58 de silice, l'analyse chimique nous dit qu'il s'agit de la matière fixe de coprolithes de mangeurs de viande, pour autant qu'on puisse étendre les résultats des Mammifères aux Reptiles ([1]).

§ 6. — Caractères chimiques de l'argile grise. — Conséquences.

La roche entourante est une matière argileuse qui accuse encore 2.31 p. 100 de carbone organique.

La lessive de potasse en extrait des matières brunes humiques ([2]).

La roche est riche en silice 71.00 p. 100. Cette matière y est presque totalement insoluble. Il n'y a que 12.51 p. 100 d'alumine dont une petite portion, 0.36, est encore soluble.

La chaux n'y est contenue qu'en très minime proportion : 0.38 p. 100. Elle y est surtout à l'état de sulfate calcique, 0.51 p. 100. Il n'y a pas de carbonate ni de phosphate de chaux. *La matière argileuse ne contient pas du tout d'acide phosphorique.*

L'argile grise ne contient que des traces de magnésie.

([1]) A titre de document, je reproduis ici un extrait du tableau des cendres d'excréments publié dans la *Chimie physiologique* de Gorup Besanez d'après les analyses de MM. Fleitmann, Porter et Rogers, t. I, p. 765, 1880.

TABLEAU III.

ANALYSES DE CENDRES D'EXCRÉMENTS.

Principes contenus dans 100 parties de cendres.	Homme.		Animaux. Rogers.			
	Porter.	Fleitmann.	Porc.	Vache.	Mouton.	Cheval.
Chlorure sodique	4.33	0.58	0 89	0.23	0.14	0.03
Potassium	6.10	18.49	3.60	2.91	8.32	11 30
Sodium	5.07	0.75	3.44	0 98	3.28	1.98
Chaux	26.46	21.06	2.03	5.71	18.15	4.63
Magnésie	10.54	10.67	2.24	11.47	5.45	3.84
Oxyde de fer	2.50	2.09	5.57	5.22	2.20	1.44
Acide phosphorique	36.03	30.98	5.39	8.47	9.40	10 22
Acide sulfurique	3.13	1.13	0.90	1.77	2.69	1.83
Acide carbonique	—	1.05	0.60	—	traces	—
Silice et sable	—	8.83	74.56	62.54	50.11	62.40

([2]) La matière brune humique qu'enlève la lessive de potasse peut contenir, d'une part, un peu de la matière humique amorphe unie à l'argile, et, d'autre part, des matières abandonnées par les parcelles végétales lignifiées.

Elle contient une petite quantité de soude et de potasse en rapport avec ses lamelles micacées.

Elle contient une certaine quantité de peroxyde de fer, 2.95 p. 100. Elle est légèrement pyritisée. Elle contient un peu de soufre libre.

Elle ne contient pas de fluor. Par contre, elle contient 0.65 p. 100 d'acide titanique.

La patine qui s'est développée à la surface de cette argile pendant sa dessiccation, est riche en sulfates et en pyrite. Le sulfate calcique de la masse a émigré vers la surface.

L'analyse chimique spécifie donc : Argile humique contenant de très petites parcelles végétales. Elle est très siliceuse; une partie de son alumine est demeurée soluble. Elle est légèrement ferrifiée et pyritisée. En séchant lentement à l'air, la surface s'est patinée en se sulfatant.

§ 7. — Caractères chimiques de la gaîne d'enrobement. — Conséquences.

Le peroxyde de fer s'y élève brusquement à la proportion de 16.99 de la matière sèche.

La gaîne contient encore 3.18 p. 100 de carbone organique et 0.15 d'azote. Le carbone organique, l'hydrogène et l'azote réunis ne forment que le tiers de ses produits volatils.

On y trouve les trois sels calciques de la matière coprolithique, mais ils n'interviennent ensemble que pour 20.36 p. 100. Le phosphate de chaux reste le sel dominant de ce groupe de corps; il représente 0,753 de la totalité des sels calciques et 15.34 p. 100 de la matière sèche. La proportion du carbonate calcique s'est fortement abaissée : 0.068 au lieu de 0.101. Par contre, celle du sulfate calcique est fortement relevée : 0.173 au lieu de 0.070.

Il y a des traces de fluor.

La gaîne contient un peu de soufre libre. Elle est moins fortement pyritisée que la matière coprolithique.

La gaîne contient beaucoup de silice : 46.52 p. 100. Cette matière est l'élément principal de la gaîne. Elle y est presque totalement à l'état insoluble.

La gaîne contient fort peu d'alumine : 2.06 p. 100, c'est-à-dire beaucoup moins que l'argile; cette matière y est à l'état insoluble.

Il y a un peu de soude dans la gaîne, mais pas de potasse.

La gaîne contient un peu plus d'acide titanique que l'argile.

La matière de la gaîne apparaît comme une accumulation siliceuse et ferrugineuse. Bien que les spécimens qui ont servi à former l'échantillon moyen de la gaîne aient été choisis avec un soin particulier, la matière coprolithique, un peu appauvrie en carbonate de chaux, y est certainement demeurée adhérente. Les éléments de l'argile, à l'exception de la potasse, sont représentés dans la gaîne, mais l'alumine y est en proportion très faible. La matière de la gaîne est donc plutôt un remplissage qu'une localisation dans l'enveloppe muqueuse du coprolithe ou dans une région de l'argile chimiquement modifiée par le contact du coprolithe.

§ 8. — Conclusions.

En résumé et comme conclusions de ce premier chapitre, l'analyse chimique des objets dit :

De la matière coprolithique, provenant de fécès d'animaux carnivores, a été fossilisée dans une argile humique très siliceuse.

A la limite de l'argile et du coprolithe, s'est développée une gaîne silico-ferrugineuse.

Le phosphate calcique commence seulement à émigrer de son point de dépôt dans l'argile voisine.

La matière coprolithique s'est enrichie en fer.

Pendant la dessiccation, la surface de l'argile s'est patinée par sulfatation.

CHAPITRE II

Faits qui permettaient d'affirmer immédiatement que les objets recueillis à Bernissart comme coprolithes sont bien des déjections animales fossilisées et non pas des concrétions minérales à faciès pseudo-organique.

SOMMAIRE

---

§ 1. — L'objection : « les objets récoltés ne sont-ils pas des concrétions minérales à faciès pseudo-organique » ? — La réfutation qui en est déjà faite. — Le caractère de vérifications « a posteriori » des résultats employés.

Une objection préalable pouvait m'être faite, et elle a été souvent faite : *Les objets, récoltés à Bernissart comme coprolithes, sont-ils bien des déjections animales fossilisées? Ne pourrait-on se trouver en présence de concrétions minérales à faciès pseudo-organique ? „*

Il semblera peut-être que j'ai déjà pleinement répondu à cette objection. J'ai annoncé, en effet, dans l'exposition du sujet, que les restes de Bernissart contenaient des fragments de fibres musculaires striées noyés dans une pâte bactérienne. D'autre part, dans les résultats des analyses chimiques, j'ai souligné trois faits : un excédent de matière organique, la présence du fluor, les trois sels calciques avec grande prédominance du phosphate de chaux, alors que l'entourage est une argile siliceuse totalement dépourvue d'acide phosphorique. L'analyse chimique et l'analyse micrographique s'accordent donc pour dire qu'il s'agit bien de fécès fossilisées, c'est-à-dire de coprolithes, mais ces constatations n'ont pas été et ne pouvaient pas être faites immédiatement. Elles sont venues en cours d'étude, ou même vers la fin du travail, comme des contrôles ou comme des vérifications *a posteriori*, alors qu'on pouvait disposer de quelques échantillons et les sacrifier pour prélever des préparations. L'attribution initiale des objets a dû être faite et a été faite d'abord sur des caractères macroscopiques. Quels sont ces caractères et quelle est leur valeur? Comment écartaient-ils la notion de *concrétions à faciès pseudo-organique?* Comment imposaient-ils la conclusion adoptée : *Fécès animales fossilisées ?*

Ces questions valaient la peine d'être soulevées au moins une fois au cours de ces études. Il y a, en effet, des concrétions minérales à faciès pseudo-organique dont la forme et les dimensions sont assez constantes pour qu'elles aient donné l'illusion de moulages de corps animaux ou de coprolithes. Ainsi, pendant longtemps les nodules silicifiés du boghead d'Autun ont été pris pour des moulages d'Unios ou de Mollusques analogues. En Belgique, des concrétions du Lias moyen d'Arlon ont été soupçonnées être des coprolithes d'Ichthyosaures. La ressemblance était poussée assez loin pour qu'il ait été nécessaire d'y faire tailler des coupes minces, afin de se rendre compte de leur nature exacte. L'absence d'écailles de poissons était le seul caractère macroscopique saillant qui permit de penser à une concrétion et d'écarter coprolithe d'Ichthyosaure. Mais il y a des coprolithes sans écailles et il y a des urolithes. Dans les objets de Bernissart, il a de même été rencontré des échantillons pour lesquels il était impossible de dire, *tant que le bloc était entier*, s'il contenait ou non un coprolithe. L'échantillon 63RJ, par exemple, était si parfaitement semblable à l'échantillon 66J 67J qu'on les prenait l'un pour l'autre. Le dernier contenait un coprolithe avec vertèbres de poissons et des fragments de crustacé. Le premier ne contenait qu'un galet de psammite, comme on le sut en l'ouvrant. Des spongiaires ont de même été confondus avec des coprolithes (¹).

§ 2. — Groupes de faits macroscopiques qui imposaient la détermination comme fécès fossilisées.

Quatre groupes de faits établissaient la conclusion que j'ai adoptée : *Les objets de Bernissart sont des coprolithes.*

a) L'objet est un corps étranger à l'argile. Ce n'est pas une minéralisation locale de cette argile.

b) L'objet n'est pas dû au remplissage tardif d'une fissure de l'argile.

c) L'objet s'est déposé en même temps que l'argile.

d) L'objet représente des fécès animales fossilisées.

(¹) W. JOHNSON SOLLAS. *On the coprolites of the Upper Greensand Formation and on Flints.* QUATERLEY JOURNAL OF THE GEOLOGICAL SOCIETY. February 1873.

a.

Tout d'abord, le corps qu'on soupçonnait être de nature coprolithique, était un corps étranger à l'argile qui l'enfermait. Il s'en sépare totalement (Fig. 5 à 7, Pl. I). Sa matière est autre que celle de l'argile. Elle a une structure uniforme, terreuse, non stratifiée, ni cristalline, ni oolithique, avec cavernes intérieures plus ou moins ferrifiées, plus nombreuses et plus larges dans sa région centrale. L'objet manifeste sa présence dans un bloc fermé par le bombement des deux faces du morceau d'argile (Fig. 1 à 4, Pl. I). Ce bombement est encore sensible à 8 et même 10^{mm} de la surface de l'objet. L'objet s'est donc contracté autrement que l'argile. Il a d'abord agi comme un corps plus dur que l'argile pendant la solidification de celle-ci, puisqu'il a déterminé le bombement de ses lits supérieurs et inférieurs. Plus tard, après la solidification de l'argile, il a continué de se contracter et il s'est contracté plus fortement que l'argile, comme le spécifient les cavernes qui déchirent le centre de sa masse. Tous ces premiers caractères peuvent se trouver réunis dans un corps étranger à l'argile, mais on peut les observer aussi dans les concrétions produites par la minéralisation d'un point de celle-ci. Il n'en est pas de même de cette autre constatation que les couches de l'argile ne traversent jamais l'objet. Elles le contournent en passant soit au-dessus, soit au-dessous de lui (Fig. 12, Pl. II). Il n'y a donc pas eu d'argile dans l'étendue du corps. L'objet est donc autre chose qu'une modification locale de l'argile par minéralisation, mais, dès maintenant, le choix est limité entre un remplissage d'une déchirure de l'argile et un corps noyé dans l'argile, quand celle-ci était molle.

b.

On écarte la notion de remplissage d'une déchirure de l'argile par les remarques suivantes :

1. La forme de l'objet est constante, compliquée et polarisée comme celle d'un corps organique. Il y a deux pôles dont l'un est arrondi, tandis que l'autre est atténué, Fig. 16 à 18 et 22 à 24, Pl. II ([1]). Sa surface présente parfois des dessins.

2. Lorsque l'objet est incomplet, c'est un tronçon ou un disque dont les cassures transverses butent directement contre les lits de l'argile. Dans le cas d'un disque, celui-ci repose tantôt sur une génératrice, Fig. 63 à 66, Pl. V, et tantôt sur une cassure transverse, Fig. 70, Pl. V. Dans les deux cas, la structure de la matière indique une polari

---

([1]) La constance de la forme de l'objet, sa polarité générale et l'opposition des deux extrémités de l'objet ne suffiraient pas à écarter la notion de concrétion minérale. Les nodules verticaux du boghead d'Autun qui sont dus à une silicification des bords d'une fente ont cette même constance de forme, cette même polarisation générale et cette même opposition des deux extrémités, l'une arrondie, l'autre pointue.

sation nette, toujours la même, autour de son axe polaire. La section ou la cassure de l'objet porte donc sur elle-même, qu'elle est transverse ou radiale par rapport à son axe polaire, quelle que soit la position de celui-ci, qu'il soit vertical, horizontal *ou même oblique,* Fig. 102 à 104, Pl. VIII, par rapport à l'argile. On doit donc conclure : Corps étranger fortement polarisé en dehors de l'intervention de la pesanteur, quand il est venu occuper la place où nous le voyons. Une telle structure écarte toutes les concrétions minérales.

3. D'autre part, les objets, contenus dans l'argile et qui se sont sûrement déposés en même temps qu'elle — comme les lamelles lignitifiées provenant de la transformation des frondes de fougères — contournent l'objet ou l'abordent horizontalement, Fig. 50, Pl. IV, quand ils sont placés dans son plan horizontal médian. Jamais l'objet ne se présente interposé entre les deux morceaux d'un même fragment de lignite. Il n'y a donc pas eu fente de l'argile comme dans le cas des nodules silicifiés du boghead d'Autun. Dès lors, je dois dire que l'objet *est un corps qui s'est déposé doucement dans le dépôt argilo-humique.*

c.

Les faits suivants spécifiaient : Corps descendu doucement sur le fond pendant la formation de l'argile.

L'objet est posé en stabilité hydrostatique. — Boudins posés sur une génératrice, disques posés sur une génératrice ou posés sur une section transverse selon leur longueur, tronçons inclinés par la pression d'un corps voisin portant à faux.

L'objet présente une face inférieure marquée par des dessins plus effacés. — Cette face est du même côté que la face inférieure indiquée par la stratification du morceau d'argile.

L'argile comble toutes les anfractuosités superficielles de l'objet.

Il s'agit donc de corps, à peine plus denses que l'eau, déposés doucement sur le fond.

d.

La notion : Fécès fossilisées, résulte des faits suivants :

1. Ces objets et leurs tronçons ont la forme de corps d'origine organique, en particulier celle des fécès animales et de leurs tronçons, lorsqu'elles se sont fragmentées.

2. Ils ont les mêmes sillons et les mêmes rides superficiels.

3. Ils se clivent de la même manière.

4. Ils contiennent, rarement il est vrai, des fragments minuscules d'os brisés à angles vifs non orientés et non en stabilité hydrostatique dans la masse.

5. L'objet contient des matières organiques. En coupe mince, sa matière roussit au contact du baume surchauffé.

6. La matière blonde de la pâte est celle des coprolithes blonds d'autres gisements.

§ 3. — L'observation générale de Fr. Leydig « N'y a-t-il pas des urolithes mêlés à ces coprolithes? »

L'examen des coupes minces est nécessaire pour écarter une autre observation générale soulevée par Fr. Leydig et exclure les *urolithes* ([1]). Tous les objets sur lesquels on a prélévé des plaques minces ont montré des résidus de nourriture. L'identité de tous les objets, rapportés aux coprolithes d'Iguanodon, est telle qu'ils ne peuvent être séparés en deux groupes ni comme forme ni comme dureté. Il faut donc les considérer comme étant tous de même nature. Les débris de nourriture, uniformément éparpillés dans toute la masse, écartent l'attribution aux urolithes. On constate donc ce fait très remarquable *qu'il n'a pas été trouvé d'urolithes à Bernissart.*

L'analyse chimique a constaté que les restes de Bernissart ne contenaient ni acide urique, ni acide hippurique, ni acide benzoïque.

([1]) Fr. Leydig. *Coprolithen und Urolithen.* Biologisches Centralblatt. Bd. 16, 1896, p. 101, et article complémentaire *Neues Jahrbücher*, T. II, 1896, p. 129.

— Voir aussi G. L. Duvernoy. *Fragments sur les organes génitaux urinaires des Reptiles et leurs produits.* Mém. de Savants Étrangers a l'Académie des Sciences, Tome XI, Paris, 1851.

CHAPITRE III

Etat de la matière fossilisante et premières notions sur les degrés de conservation qu'y peuvent présenter quelques types d'objets qui y sont enfermés.

SOMMAIRE

A. — ÉTAT DE LA MATIÈRE FOSSILISANTE.

§ 1. — Ce qu'est ici la matière fossilisante spéciale.
§ 2. — Ce qu'est devenue la matière fossilisante spéciale.
§ 3. — Comment se présente l'argile grise entourante.

B. — PREMIÈRES INDICATIONS SUR LES DEGRÉS DE CONSERVATION DE QUELQUES TYPES D'OBJETS.

a. — États de conservation rencontrés dans l'argile.

§ 4. — Tissus animaux. — Os et tendons ossifiés. Fibres musculaires. — Membranes conjonctives. — Peaux.
§ 5. — Fécès.
§ 6. — Tissus végétaux. — Spores et grains de pollen. Membranes lignifiées. Membranes gélifiées. — La question des corps bactériformes.

b. — États de conservation rencontrés dans les coprolithes.

§ 7. — Tissus animaux. — Os. Membranes conjonctives. Fibres musculaires. — Mucus.
§ 8. — Tissus végétaux. — Membranes végétales. — Bactéries.
§ 9. — Conclusions.

A. — ÉTAT DE LA MATIÈRE FOSSILISANTE

Dans les études paléontologiques où l'on est, comme ici, conduit à demander aux échantillons de fins détails de structure, il est nécessaire de spécifier, au début du travail, l'état de la matière fossilisante et les degrés de conservation qu'y présentent les principaux types d'objets qu'on peut y rencontrer. A cette condition seulement, on sait jusqu'à quel point on peut interroger utilement les objets avec les méthodes analytiques dont nous disposons actuellement.

§ 1. — Ce qu'est ici la matière fossilisante spéciale.

La matière fossilisante spéciale est ici très particulière, puisqu'il s'agit de fécès de carnassier enfouies dans une argile humique très siliceuse. On a, par conséquent, comme matière première spéciale, un milieu organique d'origine animale, d'abord humide, très altérable, siège de fermentations anærobies, enfermé plus ou moins rapidement à l'abri de l'air. Ce milieu est chargé de débris animaux fragmentaires et de bactéries. Accidentellement, il s'y est trouvé des parcelles végétales et des fragments minéraux.

La matière se sèche d'abord lentement à l'abri de l'air, puis avec un accès d'air restreint et limité pendant la solidification de l'argile. Le matière des fécès continue de se contracter alors que son entourage est solidifié, et sa contraction devient plus forte que celle de l'argile entourante. Enfin la masse de matière fossilisante spéciale est en quantité infime, comparativement à celle de l'argile entourante et eu égard aux causes tardives qui ont agi sur cette argile.

§ 2. — Ce qu'est devenue la matière fossilisante spéciale.

La matière des fécès est devenue du phosphate calcique impur. Les impuretés sont un petit reste de matière organique, du sulfate et du carbonate calciques, une très petite quantité de silice et un peu d'oxyde de fer.

Optiquement, le phosphate calcique des coprolithes de Bernissart est amorphe, transparent, coloré en jaune plus ou moins foncé, troublé par des points flous plus transparents, ou chargé de très petits corps bullaires paraissant noirs, donnant à première vue l'impression d'une infiltration de pyrite extrêmement fine. Cette masse retient légèrement les vernis à l'alcool; on a donc pu essayer quelques colorations. Le phosphate est sans action sur la lumière polarisée, contrairement à ce qui se passe pour la pâte des crottins quaternaires de la *Hyæna crocuta* qui ne s'éteint pas totalement entre les nicols croisés ([1]). La silice s'y montre individualisée en cristaux tardifs de quartz. La limonite s'y présente tantôt en lames minces qui entourent chacune une pelote de matière coprolithique moins altérée, tantôt la limonite est en masse concrétée formant des amas arrondis plus ou moins massifs.

Le phosphate se présente aussi dans un état moins favorable à la conservation des figures organiques, en devenant grenu comme s'il avait subi un début de cristallisation.

([1]) Il n'a pas été constaté de coque d'apatite autour des objets. Ils ne contiennent pas de phosphate opaque (2).

([2]) Voir J. GOSSELET. *Annales de la Société géologique du Nord*, XXXI, 1902, p. 44 et 45.

Par disparition des sphérules flous et des corps bullaires bactériformes, le phosphate devient très transparent, jaune d'or, et paraît totalement homogène (Plage 3, Fig. 182, Pl. XV). Dans ce nouvel état, il reste encore sans action sur la lumière polarisée.

Il y a donc ici, comme difficultés particulières d'observation, *l'effacement des images déterminé par les corpuscules qui chargent le fond*, corpuscules flous, corpuscules bullaires, *par le grain accidentel* pris par ce fond ou encore par *un effacement complet* des objets qui chargent le fond. Le phosphate est d'ailleurs une matière très tendre, sensible au moindre ébranlement, d'où une difficulté très grande pour la confection des coupes. Il faut durcir fortement la matière pour la tailler et, d'autre part, la résine durcissante, en pénétrant la matière, efface sa structure bullaire.

§ 3. — Comment se présente l'argile grise entourante.

L'argile grise est une masse transparente, faiblement colorée en brun, réticulée, très chargée de corps bactériformes bullaires inégaux. Les coupes verticales la montrent stratifiée (Fig. 187, Pl. XV). Les coupes horizontales la présentent en plages inégalement teintées, entourées par des courbes de niveau irrégulières. Sur les coupes verticales, la stratification est soulignée par de minces parcelles végétales lignitifiées, par des spores et des grains de pollen. Comme éléments clastiques minéraux, il y a des lamelles de mica et des cristaux de quartz brisés. Les lamelles de mica et les lamelles végétales sont posées à plat comme les corps des poissons et les coprolithes. Quand les cristaux sont plus abondants, le fond est moins brun, et inversement. En général, un lit est d'abord plus chargé de parcelles clastiques, puis celles-ci deviennent plus petites, moins nombreuses et seulement micacées et végétales. Le fond devient plus brun (f. Fig. 187, Pl. XV), puis brusquement commence un nouveau lit chargé de cristaux quartzeux (d. Fig. 187, Pl. XV). L'argile humique très foncée avec algues gélosiques est une rareté; il en a été rencontré quelques exemplaires.

L'argile des plaques à poissons n'est pas différente de l'argile qui entourait les ossements, ni de celle qui contient du sable de houille ou des morceaux de houille. Ce n'est donc pas seulement un certain niveau de l'argile qui présentait les caractères que je viens de signaler, mais bien toute la formation argileuse.

Il y a de nombreux cristaux tardifs de quartz dans cette argile. La pyrite y est individualisée en petits cristaux ordinairement ramassés en boules sphériques.

L'argile présente de nombreuses fissures de retrait, le long desquelles ses parties se sont déplacées comme dans le schiste humique de Broxburn. Elle offre aussi des régions où sa trame est très inégalement contractée.

B. — PREMIÈRES INDICATIONS SUR LES DEGRÉS DE CONSERVATION DE QUELQUES TYPES D'OBJETS.

a) — ÉTATS DE CONSERVATION RENCONTRÉS DANS L'ARGILE.

§ 4. — Tissus animaux.

L'argile grise présente les os et les tendons ossifiés à l'état d'os ayant conservé leur configuration générale, *mais fissurés et brisés par le retrait*, avec dépôt de membranes de limonite formant parfois des pseudo-tissus dans leurs cavités. Sur les coupes minces, le tissu osseux est jaune brun ou jaune d'or. Les ostéoblastes sont très visibles. Les canalicules osseux sont visibles, *soulignés par de l'air dans les coupes épaisses*. Ils se voient rarement dans les coupes très minces, parce qu'ils sont injectés par le baume. *Les canalicules sont vides de corpuscules bactériformes plus colorés.* Ils ne sont pas corrodés. Les cellules osseuses, masses plasmiques, ne sont pas conservées. Les écailles ganoïdes sont conservées comme les os dans leur partie osseuse ; leur émail est intact.

Il n'a pas été reconnu de fibres musculaires isolées ou en amas dans l'argile. Il n'y a pas été rencontré de membranes conjonctives. — La question de la conservation des peaux est à l'étude.

§ 5. — Fécès.

J'ai dit que les fécès de carnassiers étaient conservées entières à l'état de phosphate blond impur.

§ 6. — Tissus végétaux.

Les spores et les grains de pollen sont vides de protoplasme. Le protoplasme ordinaire n'a pas été fossilisé, non plus que les noyaux. La membrane, à la fois cutinisée et cellulosique, est conservée. La région cutinisée se présente en minces *lames jaune d'or*. La région intérieure, cellulosique, est à l'état de *membrane rouge brun* plus colorée ; elle double la première. Cette même dualité se voit sur des lambeaux de feuilles.

Les éléments végétaux sclérifiés, lignifiés, imprégnés d'acide filicitanique sont à l'état de membranes brun noir ou même complètement opaques. Ce dernier état est souvent une conséquence de la modification que les échantillons ont subie en présence de l'air. Les grands fragments végétaux sont à l'état de lignite à cassure très brillante, brisés transversalement par le retrait, et de masses fusinifiées très fragiles.

Les parois gélifiables sont légèrement brunies et avec faciès gommeux. Elles n'ont été vues que dans des lambeaux foliacés. — L'argile ordinaire ne contient pas d'algues gélosiques. Celles-ci existent à l'état de corps jaunes, d'apparence gommeuse dans des fragments remaniés de l'argile brune.

La présence des corps bullaires bactériformes dans l'argile soulève la question de la nature de ces corps. Correspondent-ils à des restes d'organismes bactériens ? Sont-ils de simples inclusions inorganiques ?

b) — ÉTATS DE CONSERVATION RENCONTRÉS DANS LES COPROLITHES.

§ 7. — Tissus animaux.

Les fragments osseux, très petits, à angles vifs, sont conservés comme dans l'argile. Ils sont un peu plus bruns. Ils agissent encore sur la matière polarisée. Les canalicules osseux ne sont pas corrodés. Les écailles de poissons sont conservées intactes dans d'autres coprolithes du même gisement. Des lames de chitines, comme celles qui forment les lamelles de bordure des plaques caudales d'un Crustacé, conservées dans la matière coprolithique, se colorent en rouge par la fuchsine ammoniacale.

Les membranes conjonctives sont différenciées, mais très altérées. Les moins altérées agissent encore sur la lumière polarisée.

Les fragments de fibres musculaires striées ont conservé leur individualité. Ils montrent leur striation et surtout la striation transversale. Ces bouts de fibres forment des masses nettement distinctes de leur entourage, beaucoup plus résistantes à la coloration. A leur périphérie, subsiste parfois une enveloppe jaune anisotrope qui entoure un contenu rouge brun, comme s'il subsistait un reste de l'opposition de la région contractile et fibrillaire à une région centrale, non contractile ou plasmique. Le myolème et les noyaux ne sont pas visibles.

Les cellules épithéliales, les granulations plasmiques et les noyaux isolés ne sont pas soulignés.

Les corps gras ne sont pas reconnaissables.

Le mucus n'est que rarement et très faiblement souligné.

Il n'a pas été vu d'urates en grains ou en cristaux rayonnants.

§ 8. — Tissus végétaux.

Les tissus végétaux n'ont été rencontrés qu'accidentellement dans les coprolithes et à l'état de très petits fragments lignifiés, brisés à angles vifs.

Les spores et les grains de pollen y font défaut.

Le protoplasme dense des corps bactériens a été moulé; il est souvent occupé par de l'air.

§ 9. — Conclusions.

Le mode de conservation présente des lacunes *apparentes*. Elles paraissent particulièrement grandes par la difficulté résultant de l'imbibition des parties par les résines
durcissantes qu'on est obligé d'y injecter pour solidifier les objets. La matière coprolithique conserve mieux que l'argile; certaines parties animales délicates peuvent s'y
retrouver. Une partie de la différenciation structurale des fibres musculaires y est
reconnaissable, alors que d'autres spécialisations ne sont pas soulignées. Les membranes
élastiques sont moins fréquemment reconnaissables que les fibres musculaires.

L'enveloppe de l'organisme bactérien ne se distingue pas du mucus. Le moulage du
protoplasme dense de ces organites est souligné localement par de l'air. Comme l'argile
entourante contient de la limonite en granulations bullaires, on peut prévoir de très
grandes difficultés et des hésitations dans la lecture des corps très petits.

CHAPITRE IV

Choix de l'échantillon type des coprolithes dominants. — Recensement de ces coprolithes.

SOMMAIRE

------

§ 1. — Groupement des échantillons du type coprolithique dominant. — Les quatre tailles. — Les fragments enrobés.

Les échantillons du type coprolithique dominant à Bernissart, c'est-à-dire du type coprolithique sans écailles, sans vertèbres et à pâte finement poreuse, se groupent inégalement autour de trois spécimens qui diffèrent entre eux par leurs dimensions.

Un premier groupe, de beaucoup le plus nombreux, se forme autour des échantillons 14 R 15 R et 23 R qui mesurent

> Éch. (14 R 15 R) un peu déprimé latéralement.
> DH = 28.0, DV = 30,0, L = 115.0 environ.
> Éch. 23 R.
> DH = 28.0, DV = 26.0, L = 110.0.

Nous l'appellerons l'échantillon de dimensions moyennes ou le *coprolithe moyen*.

Un second groupe, bien moins nombreux, se forme autour des échantillons 21 R et 2 J qui mesurent DH = 37.0, DV = 30.0. Nous désignons ces pièces sous le nom de *coprolithes de fort calibre*.

Un troisième groupe est formé par des échantillons inégaux, très gros, qui s'amassent autour de l'échantillon 33 R lequel mesure

$$DH_{el} = 44.5^{mm} \quad DV_{el} = 38.0 \quad L = 130.$$
$$DH_{el} = 42.3 \quad DV_{el} = 35.3.$$

Ce sont les *très gros coprolithes*. Ce sont ces très gros coprolithes qui ont frappé l'attention. Leurs dimensions particulièrement fortes ont fait penser aux Iguanodons. Nous verrons cependant qu'ils sont constitués comme ceux de la taille moyenne.

Il y a des transitions entre les coprolithes moyens et les coprolithes dits de fort calibre. Il y a également des transitions entre les coprolithes de fort calibre et les très gros coprolithes.

Il y a 88 pièces indiquant de 33 à 44 unités du type coprolithique moyen, 20 pièces spécifiant de 7 à 10 coprolithes de fort calibre et 21 pièces provenant de 15 très gros coprolithes.

Il y a en outre des échantillons plus petits dont la taille est assez rapidement décroissante. Chaque taille n'est représentée que par une ou deux unités. On ne voit pas de groupements nets. Le coprolithe varie beaucoup de forme. La structure se conserve pourtant la même jusque dans ses détails. On ne peut les attribuer à une autre espèce animale. Des animaux plus jeunes, des repas moins copieux suffisent à provoquer cette réduction du coprolithe. Ces coprolithes de petite taille sont presque tous entiers. Il y en a 35 à 38 représentés par 38 pièces. Je les appelle *coprolithes de petite taille* ou *petits coprolithes*.

En plus de ces spécimens où le coprolithe est suffisamment dégagé ou visible pour être exactement apprécié, il y a encore quelques échantillons où un fragment de matière coprolithique, ayant les caractères du type dominant, se trouve enfermé dans un nodule ferrugineux plus ou moins épais qui ne laisse voir le coprolithe que par une cassure. Il est impossible de déterminer les dimensions même approchées de ces objets et parfois même leur caractère fragmentaire. Ils ne peuvent être rangés dans les catégories précédentes. J'ai classé ces pièces sous la rubrique *fragments enrobés*. Les fragments de coprolithes dominants enrobés sont au nombre de 16 à 17.

§ 2. — Formation de l'échantillon coprolithique moyen.

Un très petit nombre d'échantillons sont complets, de là l'obligation de former le type moyen en combinant plusieurs spécimens qui se complètent et se contrôlent l'un par l'autre. J'ai pris comme échantillon type une pièce qui présente l'ensemble des caractères relevés dans les spécimens ci-après :

a) Pour la forme (14 R 15 R) Pl. I, — 23 R Fig. 11, Pl. II, — 19 J Fig. 13 à 15, Pl. II,

J'y ajoute 30 J Fig. 16 à 18, Pl. II, pour l'extrémité initiale ; 83 V Fig. 19 à 21 Pl. II, pour l'extrémité terminale (¹).

b) Pour la structure (74 J, 75 J).

c) Pour les diverses étapes de l'altération initiale et pour la ferrification, 35 R Fig. 55 et 56, Pl. II. 24 J (²), 26 J montrent l'altération par la pyrite, et le contour de 40 Bl l'altération siliceuse.

Beaucoup d'échantillons sont assez étendus et assez caractérisés pour spécifier nettement qu'ils représentent un coprolithe distinct. Ils indiquent donc une unité. D'autres sont manifestement de simples fragments qu'il n'a pas été possible de raccorder entre eux ou à des pièces plus complètes. Certains sont pourtant des morceaux d'une seule pièce brisée. D'autres sont des fragments de pièces distinctes. En comptant tous ces fragments comme des pièces distinctes, on exagère le nombre des unités récoltées. Au contraire, en les comptant comme simples fragments d'objets déjà rencontrés, on a une limite inférieure qui est certainement trop faible.

J'ai résumé dans les tableaux ci-après les indications numériques relatives au recensement de tous les échantillons.

§ 3. — Recensement des coprolithes de taille moyenne.

Nombre total des morceaux non raccordés, 88.

Nombre des pièces distinctes indiquées par ces échantillons, de 33 à 44.

Elles se répartissent comme il suit :

3 pièces entières. Une (14 R 15 R) est complètement engagée dans l'argile et n'est visible que par une fenêtre ouverte dans la face supérieure. Les deux autres sont partiellement dégagées. 23 R était dégagée sur son bord convexe. 19 J a son extrémité terminale dégagée. Il n'y avait pas de coprolithe de taille moyenne à la fois entier et totalement dégagé.

16 extrémités initiales.

3 sont largement engagées dans l'argile. (65 J, 23 R), 40 R, (74 J, 75 J). Ce dernier échantillon contient un morceau d'os (d'Iguanodon ?).

11 sont un peu découvertes ou presque dégagées : 18 V, 1 J, 52 J, 58 R, 62 J, 46 R, 80 J, 66 R, 39 J, 86 R, 31 V. Les trois derniers échantillons sont de plus en plus affaissés sur leur face inférieure.

2 sont totalement dégagées : 25 J, 30 J.

Toutes ces pièces indiquent des coprolithes distincts. Elles représentent donc 16 unités.

(¹) Il convient de regarder aussi l'échantillon 100 RV qui est un coprolithe de petite taille complètement dégagé.
(²) Pour la ferrification complète, il faut regarder l'échantillon (64 R 41 Bl) qui est un très gros coprolithe.

2 extrémités terminales. L'une 13J est encore partiellement engagée dans l'argile, l'autre 83V est totalement dégagée. La surface a été grattée. Bien qu'on ne puisse les raccorder directement ni aux extrémités initiales ni aux segments médians et bien que le faciès de leur pâte soit assez particulier, ces échantillons ne peuvent être comptés comme représentant des individualités organiques.

9 segments médians coupés aux deux bouts, mais dont la tranche ne butte pas directement contre l'argile. Il s'agit de coprolithes tronçonnés accidentellement.

Pour 5 de ces segments, la longueur est supérieure au 1/3 de la longueur des coprolithes de taille moyenne : 37R. 6V. (43R, 45R), 71R, 41R. En tenant compte de la longueur des spécimens et des particularités de leur pâte qui les distinguent des extrémités initiales, on peut affirmer que ces échantillons représentent au moins 3 coprolithes distincts des unités déjà reconnues et peut-être même 5.

Pour 3 tronçons inférieurs au 1/3 de la longueur du coprolithe moyen : 15J, 24J, 73V, des considérations analogues indiquent au plus une nouvelle unité organique.

La pièce brisée (46J 47J 40Bl), si caractérisée par son contour partiellement silicifié, indique peut-être une unité distincte.

Il y a 27 morceaux de matière coprolithique qui semblent provenir de coprolithes de taille moyenne ; pour plusieurs, cette attribution n'est qu'une probabilité.

L'un d'eux 86V offre une plaque sableuse très près de la surface du coprolithe. On ne peut pas individualiser ces fragments. La matière coprolithique y présente 3 à 4 aspects assez différents, mais ne dépassant pas les variantes qu'on trouve dans l'étendue d'un même spécimen.

Il y a 16 morceaux plus ou moins étendus de moules de coprolithes avec matière coprolithique adhérente. L'échantillon (69R. 41V. 26V) est le seul qui spécifie une unité, les autres sont des fragments :

6 échantillons présentent des morceaux de noyaux isolés ;

2 sont des extrémités initiales dégagées, 37J, 87V ;

1 est une partie terminale de noyau dégagée, 84V ;

3 sont des segments médians 58Bl. 88V. 66Bl. Ces deux derniers viennent de coprolithes moyens. Les autres sont des fragments tombés de coprolithes brisés lors de la récolte.

Les extrémités initiales et les segments antérieurement comptés comme unités ont tous leur noyau en place ; on peut affirmer que les fragments de noyaux indiquent deux unités et peut-être même 4 unités distinctes de celles-ci.

On a recueilli 9 segments et disques dont une fracture transverse au moins bute directement contre l'argile.

3 sont de grands segments pour lesquels L est plus grand ou égal au tiers de la longueur du coprolithe moyen. (48V 5V), 44R, (85R 36J).

2 sont des segments très courts où la longueur est inférieure au 1/3 de la longueur totale du coprolithe, mais où cette longueur est supérieure ou au moins égale au diamètre horizontal du coprolithe.

Ces 2 tronçons sont posés sur le flanc (5R, 6R), (93R 87V).

Il y a 4 disques, c'est-à-dire des segments très courts pour lesquels la longueur est inférieure au diamètre du boudin. *Ils sont posés sur leur section transverse.* L'échantillon 56V, 55V est le plus long. 55R présente un fragment de mâchoire de Pycnodonte (56V. 55V), (48R 45R), (94R), (55R).

Toutes ces pièces sont très distinctes les unes des autres. Elles diffèrent beaucoup de celles qui les précèdent. Elles doivent être comptées comme des unités organiques distinctes. Certaines proviennent de coprolithes très grêles et, à ce titre, devraient être renvoyées dans les coprolithes dominants de petite taille.

§ 4. — Recensement des coprolithes de fort calibre.

Nombre total des morceaux non raccordés, 20.

Nombre des pièces distinctes indiquées par ces échantillons, de 7 à 10.

Elles se répartissent comme il suit :

1 pièce entière engagée dans l'argile : 24R. *Elle est partiellement écrasée et injectée dans l'argile.* Il n'y a pas de coprolithe de cette sorte à la fois entier et complètement dégagé.

6 extrémités terminales.

3 étaient engagées dans l'argile 35R, 89R, 90R et réduites à une longueur inférieure au 1/3 de la longueur du coprolithe.

1 était totalement dégagée, 2J. Cette pièce est remarquable par l'opposition de sa face supérieure avec sillons bien marqués et de sa face inférieure déprimée.

1 est partiellement décortiquée, ce qui montre son noyau 12J.

Il y a de plus un très petit fragment d'extrémité initiale, 9J.

Ces sept premières pièces indiquent autant de coprolithes distincts.

1 segment médian, entouré d'argile, 84R, contient *un fragment chitineux de crustacé.* Sa pâte a un faciès sensiblement différent de celui des échantillons précédents. On peut donc à la rigueur le considérer comme représentant un autre coprolithe.

11 fragments de coprolithes dont 7 sont encore attachés à l'argile, 4 sont isolés.

En tenant compte des divers faciès de la pâte coprolithique, on ne peut y distinguer plus de deux unités.

1 fragment de moule avec matière coprolithique. On ne peut faire de cet échantillon une unité distincte.

§ 5. — Recensement des très gros coprolithes. — Limites supérieures observées dans les dimensions des coprolithes dominants.

Nombre total des morceaux non raccordés : 21.

Nombre des pièces distinctes indiquées par ces 21 échantillons : 15.

Elles se répartissent comme il suit :

12 très gros coprolithes pour lesquels $DH_{ci} = 44,5$ — $DH_{ct} = 42,3$ — $DV_{ci} = 38.0$ — $DV_{ct} = 35.3$ L = 130,0.

1 pièce complète qui présente le coprolithe complètement entouré par sa gaîne ferrugineuse et argileuse, 33R.

3 extrémités initiales : 1 est engagée dans l'argile et repose affaissée sur sa courbure concave 20R ; les 2 autres sont ou presque totalement ou bien totalement dégagées de l'argile, 64J, 34RJ.

3 extrémités terminales : 1 est engagée dans l'argile 24R ; 2 sont dégagées de l'argile. *La pièce 87RV a été trouvée dans le bloc de l'Iguanodon M.* La pièce 4J porte une peau de poisson dont les écailles sont tournées vers le coprolithe.

5 segments. 2 segments sont à l'état de tronçon ; ils butent contre la tranche des couches d'argile par une troncature transverse. 16R a son axe de figure horizontal ; *près de lui, le touchant, il y a un fragment de houille.* La pièce (25R, 26R) est un segment planté obliquement dans l'argile ; auprès de lui, est un fragment d'argile noire à lignites.

Le spécimen 59RBl, affaissé dans l'argile, y fait un gros disque.

3 segments. 1 segment 28J long de 80^{mm} ; il est isolé avec une face inférieure déprimée, chargée de dessins de pustulation dus à la pyrite. (64R, 41Bl), 52R, (73R, 66V) qui viennent d'un même coprolithe particulièrement ferrifié 32J, en est détaché. Enfin 54V, fragment à pâte très claire très peu ferrifiée.

Coprolithes un peu plus petits servant de transition aux coprolithes de fort calibre, 3.

2 extrémités initiales engagées dans l'argile : l'échantillon (79J, 18R) qui a de très forts sillons superficiels transverses et la pièce 17R dont la pâte est légèrement écailleuse.

$$DH_{et} = 35.0 — DV_{et} = 31.5$$
$$L = ?\ \text{supérieure à } 95^{mm}.$$

1 segment couché sur le flanc et butant contre la tranche des couches d'argile par une troncature (74R, 75R, 81V, 82V).

Les limites supérieures des dimensions des gros coprolithes sont données :

Par l'échantillon 16R, pour le diamètre horizontal DH = 48^{mm}.
                   pour le diamètre vertical   DV = 37^{mm}.
Par l'échantillon 33R, pour la longueur   L = 130^{mm}.

§ 6. — Recensement des petits coprolithes. — Limites inférieures observées dans les dimensions des coprolithes dominants.

Nombre total des morceaux non raccordés : 38.

Nombre des pièces distinctes spécifiées par ces 38 échantillons : au minimum : 35 ; au maximum : 38.

Elles se répartisent comme il suit :

Première catégorie : La plus grosse des petits coprolithes. Le coprolithe a la forme d'un haricot sous sa gaîne d'enrobement. 1 seule pièce 22R, Fig. 113, Pl. IX.

$$\text{Avec gaîne, } DH_m = 38.0 \qquad DV_m = 30.0 \qquad Ex = 0.210 \qquad L = 78.0$$
$$\text{Sans gaîne, } DH_m = 30.0 \qquad DV_m = 24.0 \qquad Ex = 0.200 \qquad L = 72.0$$

Deuxième catégorie : Le coprolithe est droit ou un peu arqué à extrémités initiale et terminale bien différenciées.

$$DH_m = 27.5 \begin{cases} \text{Maximum} = 30.0 \\ \text{Minimum} = 26.0 \end{cases} \qquad DV_m = 25.4 \begin{cases} \text{Maximum } 27.0 \qquad Ex = 0.076 \\ \text{Minimum } 24.0 \end{cases}$$

$$L = 66.5 \begin{cases} \text{Maximum } 70.0 \\ \text{Minimum } 64.0 \end{cases}$$

Morceaux non raccordés 9

Nombre de pièces distinctes spécifiées $\begin{cases} \text{au minimum} \qquad . \quad . \quad . \quad 7 \\ \text{au maximum} \qquad . \quad . \quad . \quad 9 \end{cases}$

dont 6 pièces entières : (12R. 13R), le plus gros, droit et trapu, engagé par sa moitié inférieure dans l'argile ; 100 RV complètement isolé qui peut servir de type réduit, (Fig. 190, 191, Pl. XV) ; 3R à pâte blonde très pâle, qui a été spécialement étudié pour la structure de la matière coprolithique ; 10J est isolé avec sa gaîne ; 5J forme un gros tortillon sous sa gaîne ; 100RV[bis] est privé d'une partie de son extrémité initiale. — 100RV et 100RV[bis] viennent du bloc qui contenait l'Iguanodon 1Z.

3 morceaux qui forment au moins une pièce distincte des précédentes et qui en représentent probablement trois : 76R, 47R, 60J.

Troisième catégorie : Plus grêle et plus courte, mesurant

$$DH_m = 20.7 \qquad DH_{et} = 23.0 \begin{cases} \text{Max.} = 25.0 \\ \text{Min.} = 21.0 \end{cases} \qquad DH_{et} = 18.5 \begin{cases} \text{Max.} = 20.0 \\ \text{Min.} = 17.0 \end{cases} \qquad DV_m = 24.0$$

$$L = 50.5 \begin{cases} \text{Maximum} = 54.0 \\ \text{Minimum} = 47.0 \end{cases}$$

L'excentricité moyenne serait négative et égale à — 0,159. Il n'y a que deux échantillons dont l'un est particulièrement épais par suite d'un serrage horizontal.

Il y a deux pièces entières 20J, (42R, 27V, 71V); cette dernière est brisée : 2.

Coprolithes lacrymorphes, c'est-à-dire courts, s'atténuant rapidement, à extrémité initiale grosse, à extrémité terminale pointue.

$$\text{DH}_{m} = 20.8 \begin{cases} \text{Maximum} = 22.0 \\ \text{Minimum} = 20.0 \end{cases} \quad \text{DH}_{ci} = 25.0 \quad \text{DH}_{et} = 16.5 \quad \text{DV} = 20.0$$

$$\text{Ex} = 0.038 \quad \text{L} = 41.5 \begin{cases} \text{Maximum} = 43.0 \\ \text{Minimum} = 40.0 \end{cases}$$

Il y a 5 pièces distinctes dont une est brisée : 5.

La pièce type est l'échantillon (2R. 1R), vu par une fenêtre ouverte dans la gaîne ferrugineuse qui l'enveloppait (Fig. 116 et 117, Pl. IX). Ces 5 pièces sont entières.

Il y a de plus un très petit coprolithe lacrymorphe, très affaissé, formant disque, dont les dimensions dans le plan horizontal sont 16.0×20.0. L'épaisseur atteint 2 à 3 millimètres seulement, pièce 61J comptant pour une unité.

Tortillons. — Coprolithes lacrymorphes, brusquement courbés en hélice de façon que la pointe terminale vienne reposer sur le renflement initial.

$$\text{DH de la masse} = 25.4 \text{ et } 25.6 \begin{cases} \text{Maxima } 27.0 \text{ et } 30.0. \text{ Épaisseur } 21.0. \\ \text{Minima } 20.0 \text{ et } 24.0. \end{cases}$$

Il y a 5 tortillons ou corps analogues : 5.

3 pièces sont nettement à l'état de tortillons et entières 48J (Fig. 118 à 120, Pl. IX), 49R, 95R.

1 tortillon est affaissé sur l'argile et tend à former un disque 78J.

1 masse forme bille sous une gaîne d'enrobement 54J. — Il n'est pas certain que cette pièce soit un tortillon.

Quatrième catégorie : Coprolithes dont les dimensions s'abaissent à

$$\text{DH} = 20.8 \begin{cases} \text{Max.} = 23.0 \\ \text{Min.} = 18.0 \end{cases} \quad \text{DV} = 19.0 \begin{cases} \text{Max.} = 22.0 \\ \text{Min.} = 17.0 \end{cases} \quad \text{Ex} = 0.089 \quad \text{L} = 46.0 \begin{cases} \text{Max.} = 47.0 \\ \text{Min.} = 45.0 \end{cases}$$

Nombre total des morceaux non raccordables 8

$$\text{Nombre des pièces distinctes spécifiées} \begin{cases} \text{au minimum.} \quad . \quad . \quad . \quad 7 \\ \text{au maximum.} \quad . \quad . \quad . \quad 8 \end{cases}$$

Nombre des pièces entières : 3.

14V est enfermé sous une gaîne ferrugineuse. 53R (Fig. 121, Pl. IX) est presque entièrement dégagé ; il a la forme d'un haricot. *Un échantillon 78R est remarquable par sa double courbure.*

Une moitié inférieure de petit coprolithe (4R) : 1.

4 morceaux formant au moins trois pièces distinctes et probablement quatre.
Minimum : 4.
Maximum : 5.

Cinquième catégorie : très petit coprolithe couché sur le flanc, très mince. $DH_m = 13.0$, $DH_{ei} = 14.0$, $DH_{et} = 12.0$, $DV = 4.0$, $L = 30.0$.

1 seule pièce (8R. 72R).

Pièces incertaines comme petits coprolithes : nombre des morceaux : 4. Ils spécifient autant de pièces distinctes.

3 semblent des petits coprolithes entiers, 16J, 14J, 10R.

Un échantillon est un fragment.

Les trois pièces entières qui sont mesurables donnent les moyennes numériques ci-après :

$$DH_m = 22.1 \begin{cases} Max. = 23.0 \\ Min. = 21.0 \end{cases} \quad DH_{ei} = 25.3 \begin{cases} Max. = 27.0 \\ Min. = 22.0 \end{cases} \quad DH_{et} = 19.0 \begin{cases} Max.\ 20.0 \\ Min.\ 18.0 \end{cases}$$

$$DV_m = 21.0 \begin{cases} Maximum = 24.0 \\ Minimum = 17.0 \end{cases} \quad Ex = 0.049 \quad L = 46.0 \begin{cases} Maximum = 47.0 \\ Minimum = 45.0 \end{cases}$$

§ 7. — Recensement des fragments enrobés dans les nodules ferrugineux.

Le nombre total des nodules ferrugineux était de 57.

44 étaient ou ont été ouverts.

13 ne l'ont pas été.

Sur le total des nodules ouverts, on a reconnu que :

13 contenaient des restes de coprolithes dominants ;

1 contenait de la matière coprolithique mêlée d'écailles ganoïdes, sans fragments osseux ;

9 renfermaient de la matière coprolithique mêlée de fragments osseux et de vertèbres ;

1 contenait dans la matière coprolithique une parcelle chitineuse (29 R 30 R) ;

2 nodules contenaient une lame de lignite craquelée ;

2 entouraient chacun un galet de psammite.

Pour 6 nodules, la stérilité était douteuse et, pour 10 autres, la stérilité était certaine.

En admettant que la proportion d'échantillons, contenant des restes de coprolithes dominants, reste la même pour la totalité des nodules ferrugineux, il y aurait donc 16 à 17 nodules qui en renfermeraient ([1]). Il n'était pas possible de spécifier si ces fragments enrobés venaient de l'une ou de l'autre taille des coprolithes dominants.

---

[1] $\dfrac{13}{44} \times 57 = 16.77.$

TABLEAU RÉCAPITULATIF DES COPROLITHES DE BERNISSART.

	Nombre des pièces non raccordables entre elles.	Nombre des coprolithes indiqués.	
		Minimum.	Maximum.
Coprolithes dominants de taille moyenne, y compris les disques .	88	33	44
Coprolithes dominants de fort calibre	20	7	10
Très gros coprolithes dominants	21 } 183	15 } 90	15 } 123
Coprolithes dominants de petite taille, y compris les tortillons .	38	35	38
Coprolithes dominants enrobés dans les nodules ferrugineux. .	16	0	? 16
Coprolithes divers (autres que le type dominant)	73 } 87	42 } 47	45 } 59
Coprolithes divers enrobés dans les nodules ferrugineux . .	14	? 5	? 14
	270	137	182

CHAPITRE V

Morphologie du coprolithe dominant.

SOMMAIRE

§ 1. — Forme d'ensemble et dimensions.
§ 2. — Points de repère.
§ 3. — Dessins superficiels.
§ 4. — Clivages.
§ 5. — Renseignements donnés par les fractures et par les sections d'ensemble étudiées à l'œil nu et à la loupe.
        a. Cassures et coupes transverses.
        b. Cassures et coupes longitudinales.

---

§ 1. — Forme d'ensemble et dimensions.

Corps en forme de boudin légèrement arqué (Fig. 13, Pl. II), plus rarement rectiligne et peut-être alors rectiligne par déformation. Le boudin est terminé d'un côté par un dôme arrondi, bossué (Fig. 16 à 18, Pl. II); il est atténué en pointe épaisse à l'extrémité opposée (Fig. 19 à 21). Une face du corps est déprimée ; les dessins qu'elle porte sont un peu effacés (Fig. 58, Pl. IV). Cette région représente la *face inférieure* du coprolithe, celle sur laquelle il a reposé.

Le boudin mesure :

Diamètre horizontal médian ou DH $=$ 27 à 28^{mm} ([1]); minimum 23^{mm}, maximum 32^{mm}.
Diamètre vertical médian ou DV $=$ 23 à 24^{mm} ([2]); — 18^{mm}, — 30^{mm}.
Longueur totale ou L $=$ 115^{mm}; — 110^{mm}, — 120^{mm} ([3]).

La section transversale du coprolithe est presque circulaire (Fig. 5 à 7, Pl. I).

L'excentricité de la cassure transverse est très faible : $\dfrac{DH - DV}{DH} = \dfrac{3.89}{27.86} = 0.14$. Elle correspond au retrait vertical plus fort que le retrait horizontal. Il s'y ajoute un très léger affaissement que le coprolithe a subi sur sa face inférieure.

([1]) 27^{mm}66, moyenne de douze sections.
([2]) 23^{mm}75, moyenne de douze sections.
([3]) Vu la rareté des pièces entières, les données numériques relatives à la longueur totale correspondent seulement à trois mesures individuelles.

§ 2. — Points de repère.

Le coprolithe porte sur lui-même des points de repère dont j'aurai à me servir dans les descriptions.

L'extrémité du dôme bossué est celle qui a d'abord forcé l'ouverture de la filière anale. C'est l'*extrémité initiale* du coprolithe. Je la désignerai par E I. Elle présente un point plus saillant formant *bec* ou *mucron* (Fig. 32, 35, Pl. III, et Fig. 57, 58 et 62, Pl. IV), ce dernier d'après un spécimen de fort calibre. Le mucron déborde en arrière sous une enveloppe périphérique ou manteau dont on voit l'extrémité sous la forme d'une lame triangulaire *l tr* (Fig. 16, Pl. II).

La présence du mucron saillant ainsi enveloppé permet de distinguer l'extrémité initiale d'un coprolithe des troncatures transverses produites par rupture spontanée ou accidentelle. Dans le cas d'une troncature, il y a une légère dépression centrale en entonnoir; on ne voit ni le mucron ni la lame recouvrante formant pointe triangulaire.

L'ensemble de l'extrémité initiale est légèrement arquée, de même calibre que le reste du boudin ou avec tendance à être plus épais. Cette dernière disposition s'accuse beaucoup quand le coprolithe est très court. Le coprolithe tend alors à prendre une forme nettement lacrymorphe (Fig. 116, Pl. IX).

L'extrémité opposée, celle qui est sortie la dernière, étant souvent un peu plus molle, s'est appointée sous la pression du sphincter anal. Elle présente une pointe brusque épaisse, Sa face inférieure est fort nettement déprimée. Je désigne cette *extrémité terminale* par E T.

Les sommets des extrémités E I, E T sont les *pôles* P_i, P_t, du coprolithe; la ligne qui les joint en passant par les centres des sections transverses de l'objet, est son *axe polaire*.

Le boudin présente *deux courbures*, une *courbure convexe* $\widehat{c}$ et une *courbure concave* $\widehat{c}$. Je les indiquerai au moyen de la lettre C et d'une flèche courbée. La position de la lettre C par rapport à la flèche indique de quel côté est le corps du coprolithe par rapport à la courbure. Le sens de la flèche indique de quel côté est l'extrémité terminale sur la face visible de l'échantillon, et, toutes les fois qu'on le peut, sur la face supérieure reconnue, Fig. 84, Pl. VII.

Il a été trouvé quelques échantillons à double courbure.

Tout le corps du boudin présente une torsion d'ensemble autour de son axe polaire. C'est une conséquence du mouvement de rotation que la matière a subi pendant son empilement, pendant son cheminement à travers l'intestin et pendant l'émission. Le dernier de ces mouvements est analogue à celui que prend l'eau sous pression lorsqu'elle s'échappe d'un tuyau de caoutchouc. Cette torsion, comme celle des sillons superficiels, est souvent *senestre*, c'est-à-dire ascendante vers la gauche pour un observateur axial [1].

---

[1] L'observateur axial est supposé placé sur la ligne polaire P_i P_t du coprolithe, la tête du côté de P_t. Il regarde la face supérieure de l'objet. Il détermine le sens de l'hélice par la direction ascendante de la portion d'hélice qui passe devant lui. Si l'hélice monte de droite à gauche, elle est ascendante vers la gauche ou senestre et *vice-versa*.

J'ai dit que j'appelais *face inférieure* la face déprimée sur laquelle les dessins superficiels du coprolithe sont légèrement effacés ou atténués. L'effacement est moindre que celui que montre un cylindre de cire à modeler reposant par une génératrice sur une vitre horizontale ou sur une plaque de marbre polie. Cette face déprimée était particulièrement nette sur le plus gros de tous les coprolithes, l'échantillon 16 R (Fig. 95, Pl. VII). Elle est encore très accusée sur les figures 90 à 92, Pl. VII. C'est sur cette face que le coprolithe a posé et appuyé. Remarquons de suite que cette face inférieure ne porte pas d'impressions étrangères comme celles que prend un cylindre de cire reposant sur une surface dure polie ou rugueuse ou encore sur du bois ou sur des feuilles. Sauf de bien rares exceptions on ne voit pas non plus de sable. Ce sont là des particularités bien spéciales dont il y aura à tenir compte dans l'analyse des conditions de dépôt. Je désignerai cette face inférieure par F I.

La face opposée est dite *face supérieure*. Je la désignerai par F S.

Les deux courbures sont les *flancs* — *flanc convexe* et *flanc concave*.

§ 3. — Dessins superficiels.

La surface du coprolithe présente des sillons qui correspondent à un affleurement superficiel des surfaces de contact des masses stercoraires empilées.

Ces sillons décrivent des sortes d'hélices ou des fragments d'hélices dont certaines sont plus marquées, plus pénétrantes ; les autres, plus courtes, s'enroulent en sens inverse des premières et viennent les couper. Les sillons peuvent devenir transversaux.

Les sillons s'enfoncent dans la masse qui tend à se cliver suivant ces sillons. La liaison de la masse était donc minima le long de ces surfaces intérieures.

A l'extrémité initiale, les sillons délimitent une pointe ou lame triangulaire, collée au mucron et l'enveloppant partiellement (Fig. 16 et 18, Pl. II).

La surface du coprolithe ne laisse voir ni écailles ([1]), ni fragments osseux, vertèbres ou arêtes, ni fragments végétaux faisant régulièrement partie de la masse et venant affleurer à sa surface.

La surface est lisse ou très faiblement chagrinée par des dessins tourbillonnaires et par des rides. Elle n'est pas grenue, quand il n'y a pas eu sortie de pyrite. Dans ce dernier cas, la pyrite forme des verrues qui masquent les dessins propres de l'objet, ou bien qui laissent des trous variolant la surface lorsque la pyrite s'est sulfatée et est tombée. Les figures Fig. 25, Pl. II et Fig. 10, Pl. I montrent l'aspect de la surface rendue dans

---

[1] Un seul échantillon n° 4J qui est un très gros coprolithe présentait à sa surface une peau de poisson osseux. M. L. Dollo a reconnu que les écailles sont vues par leur face interne. Il s'agit d'une peau de poisson accolée accidentellement sur un côté de la face supérieure d'un crottin. Sur les Fig. 98A, 99, 100, Pl. VIII, on voit des sillons dus aux arêtes tombées.

un cas verruqueuse et dans l'autre variolée par la sortie de la pyrite sur l'échantillon (14R 15R). Sur quelques exemplaires que j'ai dégagés, j'ai vu de fines rides dues au filage de la matière digérée. Le séchage rapide des crottins de carnassiers souligne à leur surface des dessins analogues. Ces rides, très fines, ne sont visibles qu'à la loupe (Fig. 8 et 9, Pl. I). Elles sont ici dirigées obliquement. Elles étaient particulièrement bien visibles sur la surface supérieure de l'échantillon 14R 15R, Fig. 11 et 12, lorsque je l'ai sorti de sa gaîne. Ce caractère, joint à la courbure et à l'isolement absolu de toute pièce squelettique, signifie : fécès rejetées hors du corps de l'animal producteur. Il indique déjà une alimentation carnée. On ne retrouve pas ici les particularités des fécès d'herbivores mangeant de grandes masses de matières végétales.

Il n'y a généralement pas d'impressions étrangères à la surface du coprolithe comme celles que laissent des corps polis ou rugueux, des morceaux de bois, du sable. On y a relevé, mais bien rarement, l'impression de quelques très petits fragments végétaux collés à la surface. Le coprolithe (18R 7J9) porte superficiellement une mince lame ligniteuse due à la transformation d'un fragment de matière végétale (Fig. 107, Pl. VIII). Elle ne pénètre pas dans le coprolithe; elle est manifestement étrangère à ce corps. Elle y est accolée accidentellement ([1]).

La surface peut présenter quelques saillies dues à des craquelures tardives, mais nous n'avons pas vu de déchirures comme celles qui brisent parfois la couche muqueuse superficielle des crottins de chien très calciques ou des crottins de crocodiles, lorsqu'ils ont subi un séchage très rapide en plein soleil, ou encore comme celles des crottins du cheval, lorsqu'ils ont été longtemps exposés aux agents atmosphériques sur la terre nue.

La surface des coprolithes est souvent masquée sous une lame de limonite qui y demeure très adhérente. C'est une portion de la gaîne coprolithique ou gaîne d'enrobement qui s'est développée autour du coprolithe.

§ 4. — Les clivages.

Soumis à une série de légers ébranlements, les coprolithes dégagés montrent des clivages propres, indépendants des fractures de l'argile entourante. Les surfaces de résistance minima, suivant lesquelles s'ouvre le coprolithe, sont hélicoïdes. Elles affleurent à la surface de l'objet suivant ses sillons principaux. Elles s'enfoncent obliquement de la surface vers l'axe polaire, mais sans l'atteindre. Il ne s'agit pas ici des prolongements des fractures de l'argile grise. En général, celles-ci sont planes et, quand elles coupent le coprolithe, elles le sectionnent transversalement ou obliquement sans relation simple avec sa structure.

Les clivages propres du coprolithe permettent d'y pratiquer une dissection grossière

---

([1]) L'échantillon (18R 79J) est un gros coprolithe.

qui met en évidence une lame superficielle et un noyau (Fig. 31, Pl. III). J'ai dégagé le noyau de l'extrémité initiale de l'échantillon (14R 15R). La lame superficielle forme la pointe triangulaire signalée sur un côté de l'extrémité initiale. Elle couvre incomplètement l'extrémité initiale du noyau. Son épaisseur est de 3 à 5^{mm}.

Le noyau que j'ai pu dégager dans l'échantillon (14R 15R), (Fig. 32 à 35, Pl. III), est rectiligne, digitiforme, avec mucron au milieu de son extrémité. Il est affaissé sur sa face inférieure et plus fortement adhérent à la lame superficielle de ce côté. Le tronçon mesurait

Longueur	48^{mm}.
Diamètre horizontal médian	28^{mm}.
Diamètre vertical médian	26^{mm}.

La section transversale d'ensemble du noyau est donc elliptique et un peu excentrique. La surface du noyau est lisse dans son ensemble, avec quelques légers sillons. Les plus forts sont transverses ou obliques ; les autres, très faibles, sont méridiens. Il y a aussi quelques rides méridiennes (Fig. 36 à 38, Pl. III).

Ce noyau est souvent tordu, l'échantillon 53J montre un noyau en hélice (Fig. 26 à 28, Pl. III). Lors de l'extraction, il a été recueilli des fragments de noyaux, provenant de la rupture de coprolithes qui montrent également cette torsion.

Cet agencement de la matière coprolithique est très différent de celui d'une bande rubanée, enroulée en cornet par l'action d'une valvule spirale. Il diffère tout autant des amas de pelotes de nos grands mangeurs d'herbe actuels.

§ 5. — Renseignements donnés par les fractures et par les coupes d'ensemble examinées à l'œil nu et à la loupe.

a) — CASSURES ET COUPES TRANSVERSES.

Les cassures et les coupes d'ensemble présentent des caractères qui permettent de spécifier immédiatement l'orientation de la section présentée. Lorsque le coprolithe est encore adhérent à l'argile voisine, celle-ci apporte, comme éléments de contrôle, *l'indication du plan horizontal* et très souvent aussi *l'indication de la face supérieure.*

Les cassures nettement transverses sont fréquentes (Fig. 5 à 7, Pl. V).

Elles montrent un contour presque circulaire, déprimé du côté qui marque la face inférieure.

Le contour du coprolithe est très nettement délimité. Entre l'argile et la matière coprolithique, il y a une gaîne ferrugineuse. Le plus souvent, celle-ci borde le coprolithe d'un seul côté. La gaîne peut manquer totalement ([1]). Elle peut entourer complètement le

---

([1]) 1 J (74 J 75 J), 40 R 62 J.

coprolithe. C'est un dépôt tardif de limonite, fait au voisinage du coprolithe dans la zone raréfiée qui s'étend entre le coprolithe et l'argile.

La gaîne d'enrobement tient à l'argile et au coprolithe. Elle tient plus fortement à l'argile qu'au coprolithe. Le coprolithe peut donc être isolé de l'argile. Mais, comme d'autre part le coprolithe et la gaîne sont souvent fissurés circulairement, la surface du coprolithe reste ainsi adhérente à un lambeau de gaîne et s'enlève avec elle.

La surface de la cassure transverse de la matière coprolithique est très irrégulière, crevassée dans sa région centrale qui présente des cavernes étoilées à pointements vifs. Ce sont des craquelures de retrait dont les prolongements se réunissent parfois. Les cavernes deviennent rares et plus petites vers la surface. Elles y manquent même tout à fait. Le retrait tardif a donc fait sentir son principal effet dans la région axiale du coprolithe (Fig. 6 et 7, Pl. I).

La surface des cavernes et celle des fissures qui les relient sont souvent tapissées d'un enduit pelliculaire ou caverneux rouge brun foncé. C'est un dépôt tardif de limonite. L'enduit emplit parfois totalement les cavernes, en y produisant des moulages dont l'aspect rappelle vaguement des lignites ferrifiés. Ailleurs la limonite fait presque totalement défaut.

La matière coprolithique est terreuse, ocracée; sa teinte est ocre jaune, elle varie entre le blond pâle et le rouge brun foncé presque noir, suivant l'intensité de la ferrification ([1]). La matière est finement spongieuse, l'aspect spongieux s'atténuant vers la surface qui est plus compacte.

La teinte et le degré de spongiosité permettent de prévoir très exactement *le degré de conservation de la pièce*. Spongiosité et coloration marchent parallèlement avec le développement de la limonite en ballonnets. En même temps, la structure initiale de la matière coprolithique va s'effaçant. Par conséquent, les meilleurs spécimens pour l'analyse micrographique sont les échantillons blonds où la cassure est très finement poreuse, mais non spongieuse. Exemple : l'échantillon blond (75 J 74 J) est bien mieux conservé que l'échantillon spongieux et brun roux (14 R 15 R). Comme la surface est plus compacte que le centre, on voit déjà que la surface sera une région mieux conservée que le centre.

Les cassures transverses ne montrent ni os, ni écailles, ni fragments de lignite, ou du moins ces objets y sont une rareté; quand il s'en présente, c'est avec un caractère accidentel très accusé. Deux échantillons ont montré des fragments osseux, macroscopiques. L'un 74 J 75 J (Fig. 80, 81, Pl. VII), présente sur sa cassure transverse oblique un fragment de tissu osseux spongieux qui mesure 5^{mm} sur $1^{mm}2$. *Il semble que ce soit du tissu osseux*

---

[1] Les teintes sont données par les échantillons (14 R 15 R) pour la teinte moyenne, 3 R pour la teinte blond clair, 40 R et (41 R 45 V) pour les teintes sepia et sepia foncée, (64 R 41 Bl) pour les coprolithes complètement ferrifiés ([2]).

[2] Ce dernier échantillon provient d'un très gros coprolithe.

d'Iguanodon ([1]). L'autre, 55 R, est un *disque très mince* qui contient un bout de mâchoire de Pycnodonte avec dents en place ([2]). Il n'a été rencontré de bouts de lignite que dans l'échantillon (18 R 79 J) (Fig. 74 à 78, Pl. VI), dont la cassure transversale oblique fait voir un petit bout de lignite mesurant $1^{mm}8$ sur $1^{mm}5$. Celui-ci est planté presque radialement dans la cassure à proximité de la surface latérale du coprolithe.

La matière coprolithique est très tendre, son grain s'efface sous le couteau et sous le papier d'émeri le plus fin.

Les *sections transversales d'ensemble, examinées par transparence à la loupe,* ajoutent les renseignements suivants :

La matière coprolithique est orangée pâle, *transparente* dans sa région périphérique qui correspond à la lamelle superficielle (l. per) (Fig. 123, Pl. X). Elle est grisaillée et comme *dépolie* dans la région du noyau, ce qui est dû à la présence des lamelles de limonite en ballonnets (r. lt). Des traînées d'une matière pulvérulente, extrêmement fine, comme sont certaines infiltrations de pyrite, s'avancent irrégulièrement vers le centre ou bien s'étendent parallèlement à la couche superficielle (r. a). Il n'y a donc pas généralement de plages indiquant une différenciation des parties axiales du coprolithe. La matière coprolithique paraît homogène ([3]). Elle ne contient pas d'écailles. Les fragments osseux y sont une rareté et ils sont extrêmement petits (Fig. 126, Pl. X et Fig. 138, Pl. XI). On voit quelques très rares parcelles de matière végétale lignitifiée si petites que la loupe les indique seulement comme des points noirs ou bruns.

b) — CASSURES ET COUPES LONGITUDINALES.

Les cassures nettement longitudinales sont rares. Les cassures méridiennes sont encore plus rares. On a le plus souvent des cassures obliques qui montrent à peu près l'état de la cassure méridienne dans la région où elles coupent l'axe polaire. Elles nous donnent les renseignements suivants :

Ces cassures sont très irrégulières avec cavernes dans la région centrale. Les fissures longitudinales qui relient ces cavernes entre elles débitent vaguement la masse en pièces prismatiques. Le revêtement ferrugineux des craquelures a parfois une allure feuilletée tubulaire qui rappelle grossièrement du bois fossilisé par de l'oxyde de fer. La matière coprolithique peut être coupée par des fentes de retrait planes, parallèles, qui ne se prolongent pas dans l'argile voisine. Elles sont obliques par rapport à l'axe polaire ([4]).

La teinte, le grain, la spongiosité sont les mêmes que sur les cassures transverses.

([1]) Indication de M. L. Dollo.
([2]) Indication de M. L. Dollo.
([3]) La structure tourbillonnaire de la région intérieure n'est bien sensible que sur l'échantillon 26 J où elle est très légèrement soulignée par de la pyrite, Fig. 148 et 149, Pl. XII.
([4]) Échantillon (43 R, 45 V).

Ces cassures dégagent partiellement le noyau (Fig. 80, Pl. III).

Les coupes d'ensemble montrent très faiblement l'opposition de la zone superficielle transparente orangée et celle de la région centrale grisaillée. Les traînées de points noirs tendent à s'étaler parallèlement à la lame externe (Fig. 124, Pl. X). On revoit la même homogénéité de matière. Les os sont toujours une rareté. Il n'y a pas d'écailles. Les parcelles ligniteuses sont rares, très petites, à extrémités nettement brisées.

Les coupes minces confirment l'opposition de la lame superficielle et du noyau. Le noyau intérieur est chargé de fines membranes de limonite qui forment ballonnet autour de parties coprolithiques moins altérées. Il est plus caverneux. Cette masse centrale plus molle s'est plus fortement contractée. La lame superficielle ne contient pas de limonite en ballonnets. Elle est moins altérée que le centre. La limonite y est à un autre état, comme concrétée dans l'intérieur de bulles, et c'est l'état qu'elle présente dans toute l'étendue des coprolithes qui sont le moins altérés.

La surface de séparation des deux parties est curviligne; elle correspond à la ligne de clivage qui détache la lame superficielle du noyau. La localisation de la limonite sous ses deux formes n'est pourtant pas absolue, car on trouve des échantillons où la matière coprolithique non altérée n'a pas de limonite en ballonnets même dans sa région centrale. Par contre, il y a des coprolithes altérés dans toute leur épaisseur. Ces deux sortes d'échantillons ne se clivent pas ou se clivent mal. Comme, d'autre part, on ne voit pas la double ligne muqueuse séparant les deux parties de la matière coprolithique sur la ligne de contact, comme la matière coprolithique reste la même et qu'elle est orientée de la même manière, une hésitation est possible pour affirmer si le clivage du coprolithe est un résultat dont la cause principale est le mode de localisation de l'altération, ou si la cause première est dans une différenciation initiale de la région superficielle du coprolithe et de sa région axiale. Les surfaces figurées mises à nu par le clivage, la position très constante de la partie moins altérée dans la lame superficielle me font conclure que le clivage suit les surfaces de contact des masses fécales rapprochées au contact et que, selon son intensité, l'altération souligne ou fait disparaître cette structure première. Nous dirons donc : masse fécale à parties individualisées, les externes entourant un noyau central plus mou. Le noyau adhère plus fortement aux parties superficielles de sa face inférieure. Le noyau se poursuit jusque vers l'extrémité terminale.

Dans les coprolithes où les sillons sont transverses et très profonds, le noyau n'est pas visible macroscopiquement.

CHAPITRE VI ·

La structure du coprolithe dominant.

SOMMAIRE

A. — EXAMEN D'ENSEMBLE DES COUPES MINCES VUES
PAR TRANSPARENCE A DES GROSSISSEMENTS DE 30 A 100 DIAMÈTRES

§ 1. Échantillons ordinaires ([1]).

Examinées par transparence à un grossissement faible, 30 à 100 diamètres, les coupes transverses des échantillons ordinaires montrent dans un fond jaune, grumeleux, presque uniforme, des cercles limonitiques rouge brun, Fig. 127, Pl. X. Il y a quelques trous avec ou sans revêtement pelliculaire de limonite, Fig. 129, Pl. X. Si l'on est près de la périphérie du coprolithe, les cercles limonitiques manquent, il y a par contre des amas massifs de limonite, Fig. 128, Pl. X. — Certaines plages intérieures peuvent, comme la zone périphérique, être dépourvues de cercles limonitiques et chargées d'amas massifs de limonite, Fig. 126, Pl. X.

Quand un trou est bordé de limonite pelliculaire, le revêtement est composé d'une suite d'arcs raccordés entre eux à angle vif. Tous tournent leur convexité vers son centre comme s'il s'était agrandi successivement en réparant chaque fois son revêtement, Fig. 130, Pl. X.

A la limite des zones profonde et périphérique, tous les arcs de limonite tournent leur

---

([1]) 24 J, 48 V.

convexité vers la zone profonde. Celle-ci agit donc comme un trou par rapport à la zone périphérique, Fig. 128, Pl. X.

Les sections méridiennes montrent un aspect semblable à celui des coupes transverses, l'ensemble des cercles limonitiques s'étendant parallèlement à l'axe polaire du coprolithe. La limonite a donc dans le coprolithe la forme de figures en ballonnets sphériques et ellipsoïdes, la zone externe et quelques îlots intérieurs étant limités par des arcs convexes vers la région à ballonnets.

La matière comprise dans les ballonnets est plus jaune. Celle qui est entre les ballonnets est plus grise et plus altérée, Fig. 131, Pl. X. La zone périphérique du coprolithe et les îlots intérieurs sans ballonnets sont donc des régions privilégiées où la conservation sera meilleure et moins effacée.

Quand la coupe est plus épaisse et lorsque la résine employée pour opérer le durcissement a moins bien injecté la masse, la coupe est grisaillée et troublée par de très petits points noirs qui s'y étendent en nuages irréguliers. Il est impossible de décider immédiatement s'il s'agit là d'une fine pénétration de pyrite pulvérulente ou de fines bulles d'air, bien que le fait de la disparition presque totale de ces nuages sur des coupes très minces rendent la seconde conclusion beaucoup plus probable. Un seul échantillon 26 J. présente à ce grossissement une pénétration un peu abondante de pyrite. Celle-ci est très visible dans les parties très minces de la coupe. Elle s'y montre plus grossière. Déjà visible au grossissement 5, elle souligne une structure tourbillonnaire de la masse que montrent les Fig. 148-149, Pl. XII.

On ne voit que quelques très rares fragments d'os ou de lamelles osseuses qui s'illuminent fortement entre les nicols croisés. Il faut toujours examiner plusieurs coupes pour rencontrer un de ces débris. Ces fragments sont très petits. Le plus grand de ceux qui ont été observés mesure $1^{mm}3$ sur 1^{mm}.

Les fragments de lignite sont aussi rares.

Qu'il y ait ou non des ballonnets limonitiques, de la limonite massive, de la pyrite ou des nuages grisaillés on aperçoit de-ci de-là de petits corps grisâtres *extrêmement peu visibles*. Les Fig. 134 et 135, Pl. XI, donnent une idée de la difficulté de cette visibilité. 134 est prise dans une plaque très mince où commencent à paraître des ballonnets de limonite. 135 est tirée de l'échantillon à structure tourbillonnaire. Les corps grisâtres n'y sont sensibles que parce que le fond grumeleux voisin semble interrompu par une plaque homogène ayant des fractures propres. Les Fig. 132-133, Pl. XI, montrent des corps grisâtres semblables dans une plage à ballonnets de limonite et dans une plage piquetée de points noirs. On voit, Fig. 133, que le picotis de points noirs ne pénètre pas le corps grisâtre. Sur la Fig. 132 la région centrale du corps grisâtre est plus foncée, un peu brune et à fractures propres très nettes. En cherchant avec soin on trouve ces corps grisâtres dans toutes les parties du coprolithe. C'est un élément constant et important de ces coprolithes, mais dont la visibilité est rendue plus ou moins difficile.

Lorsqu'il n'y a pas de gaîne d'enrobement, la matière coprolithique touche directement l'argile. Il n'y a pas transition de l'une à l'autre matière.

Le fond jaune et ses corps grisâtres restent éteints dans tous les azimuts entre les nicols croisés contrairement à la pâte fécale fossile des coprolithes quaternaires de la *Hyena crocuta*. Celle-ci n'est jamais totalement éteinte et elle paraît légèrement brunâtre.

On aperçoit encore de la pyrite pulvérulente et des cristaux tardifs de quartz.

§ 2. — Échantillons exceptionnellement bien conservés.

Dans les échantillons exceptionnellement bien conservés ([1]), les ballonnets de limonite manquent. Les amas de limonite massive et la limonite en lames membraneuses qui l'accompagne souvent peuvent aussi disparaître comme dans le spécimen 1 J. Suivant l'épaisseur de la coupe, les nuages grisaillés persistent ou s'effacent. Le fond plus brun paraît uniformément chargé de fragments grisâtres qui se détachent d'autant mieux comme forme et comme différenciation structurale que la conservation est meilleure. La fréquence de ces fragments est indiquée par les nombres suivants :

Coefficient de fréquence transverse horizontale ([2]) . . . . . . 6 à 8
Coefficient de fréquence transverse verticale ([3]) 8
Coefficient de fréquence suivant l'axe polaire. . . . . 8 à 10

Les fragments grisâtres sont donc très nombreux, puisque leur nombre s'élève à environ 500 ou 650 par millimètre cube. Ils sont un des éléments dominants du coprolithe d'autant plus visible que la conservation est meilleure, *pourvu toutefois que l'amincissement de la préparation ne soit pas trop grand* ([4]).

L'entourage des corps grisâtres reste grumeleux ou picoté de points noirs. Lui seul conserve le vernis coloré, alors les fragments grisâtres se détachent en jaune chamois. Les grumeaux ou picotis font donc partie du fond, mais ils ne sont pas encore résolubles à ce grossissement, même dans ces échantillons exceptionnellement favorables.

Les fragments d'os, les bouts de lignite ne sont ni plus visibles, ni plus nombreux, ni mieux conservés que dans les échantillons ordinaires. Par contre on y observe des membranes diversement altérées dont le meilleur exemple est visible au point $\frac{x}{y} = \frac{28.8}{6.0}$ de

---

[1] Il y a trois échantillons très bien conservés. 3 R. 1 J. (74 J, 75 J). Ces trois échantillons représentent une proportion de 0.033 à 0.024 de l'ensemble des spécimens du type dominant.

[2] J'appelle coefficient de fréquence horizontal le nombre moyen de fragments grisâtres que rencontre une horizontale perpendiculaire à l'axe polaire sur une longueur de 1 millimètre. On prend l'horizontale passant par le centre de la section transverse ou plus généralement un système de trois parallèles à cette droite distantes entre elles de $0^{mm}1$.

[3] Les coefficients de fréquence verticale et axiale s'obtiennent de la même manière en comptant le nombre des fragments rencontrés sur un millimètre de hauteur verticale et sur un millimètre d'une parallèle à l'axe polaire.

[4] Voir la difficile visibilité des fragments grisâtres sur les figures 134 et 168.

la préparation Tr. 2. Échantillon 74 J. Cette membrane s'illumine entre les nicols croisés.

La structure fibrillaire de cette membrane n'est pas résoluble à ce grossissement. Plus la membrane est altérée plus elle brunit et plus elle tend à se fondre dans la pâte. Elle s'illumine de moins en moins.

Les fragments osseux, les membranes fibrillaires, les lignites n'interviennent pas pour 0,001 dans la masse coprolithique.

On observe quelques très rares exemples de paillettes de mica très petites, un peu de pyrite pulvérulente et des cristaux tardifs de quartz plus ou moins nombreux suivant les régions.

Les fragments grisâtres, les membranes fibrillaires, les os sont des corps d'origine animale normalement ingérés avec la nourriture.

Certains fragments osseux, les bouts de lignite, les parcelles de mica, sont des fragments animaux, végétaux et minéraux, ingérés accidentellement avec les aliments.

La pyrite, le quartz, la limonite sous ses diverses formes, sont des corps tardivement développés dans la matière coprolithique pendant sa fossilisation.

B. — EXAMEN DE LA MATIÈRE COPROLITHIQUE A DES GROSSISSEMENTS DE 100 A 1000 DIAMÈTRES.

§ 3. — Caractères spéciaux des préparations décrites.

Quand on doit recourir à de grandes amplifications, il faut se rappeler les caractères très particuliers des préparations microscopiques qui servent de base à cette étude. Pour obtenir les coupes minces orientées, il a fallu, préalablement à la taille, durcir les objets par une imprégnation de matière résineuse faite à chaud. Par suite la matière à analyser a été plus ou moins injectée de résine. Les détails de structure dont la visibilité est ordinairement soulignée par de l'air sont plus ou moins effacés comme dans l'exemple bien connu de l'effacement des canalicules osseux sur les coupes très minces. Les coupes collées au baume dur contre le slide ont été couvertes de baume mou avant de recevoir le cover. C'est donc dans un milieu déjà très réfringent et plus ou moins pénétrant que se fait l'observation alors que les termes de comparaison tirés de la nature actuelle sont généralement observés en milieu aqueux, en gélatine glycérinée et bien plus rarement en baume très fluide et généralement alors après coloration. Les coupes des coprolithes de Bernissart n'ont généralement pas été colorées. Comme conséquence, certains détails des parties très minces, à peine accessibles à la vision directe, ne sont perceptibles que par des impressions photographiques obtenues au moyen de très longues poses faites dans une lumière très faible et même en interposant tantôt un verre jaune et tantôt un verre bleu sur le trajet de la source éclairante qui était toujours la lumière solaire concentrée par un condensateur Abbe.

.   J'étudierai d'abord les corps ingérés comme aliments ou avec les aliments qui ont une
forme propre figurée. Je décrirai ensuite la pâte où ces corps sont suspendus.

I. — DESCRIPTION DES CORPS INGÉRÉS EN SUSPENSION DANS LA PATE.

a. — CORPS INGÉRÉS FAISANT PARTIE DES ALIMENTS.

§ 4. — **Les corps grisâtres. — Leur écroulement. — Ce sont des fragments de
fibres musculaires striées coupées en tous sens. — Curieux problème
d'histologie comparée soulevé par la structure de ces fibres musculaires.**

α) Nous avons vu page 60, la fréquence des corps grisâtres dans les fécès de
Bernissart. Constatons de suite l'isolement général de ces corps et l'uniformité relative de
leurs dimensions supérieures.

Les Fig. 150 à 157, Pl. XII, donnent une idée de la manière dont la visibilité de ces
corps s'accentue par rapport à la pâte entourante à mesure qu'on prend des points ou des
exemples de mieux en mieux conservés. La tache grise non piquetée est limitée par un
contour polygonal plus clair à sommets émoussés. A mesure que la conservation devient
meilleure la région centrale devient rouge brun. Elle reste *isotrope*. L'enveloppe devient
jaune d'or, Fig. 157, Pl. XII. Elle est alors très nettement anisotrope, elle s'illumine entre
les nicols croisés en présentant la croix noire et elle reste illuminée dans tous les azimuts
de la section transverse et des sections obliques telles que Fig. 158 et 159, Pl. XII.
L'épaisseur de ce contour jaune d'or est variable. Dans une coupe transverse où le corps
mesurait 43 μ sur 60, l'épaisseur de l'enveloppe jaune d'or était 5 à 8 μ. C'est la plus grande
épaisseur qui ait été trouvée. — Cette enveloppe anisotrope entoure concentriquement la
région centrale sans la pénétrer de tractus ou la diviser en champs. Elle est généralement
beaucoup plus mince et réduite à 2 μ pour un élément tel que *fm'* sur la Fig. 156,
Pl. XII. C'est bien une différenciation dans la matière du corps grisâtre et non une coque
d'*apatite* développée autour d'un noyau amorphe.

La plage centrale rouge brun paraît uniforme. On n'y voit pas d'indications d'organites
nucléaires (¹). Lorsque la conservation est moins bonne, ce contenu peut se résoudre en un
réticulum d'aspect résineux.

Il n'a pas été reconnu d'organites nucléaires à la surface de l'enveloppe anisotrope.
Celle-ci touche directement la pâte fécale et très souvent elle paraît corrodée et comme
passant immédiatement à cette pâte. Dans ce cas son illumination entre les nicols s'affaiblit
et disparaît.

(¹) Dans les Fig. 152, Pl. XII, 166, Pl. XIII une très petite étoile irrégulière plus foncée correspond peut-être à un
organisme nucléaire mal conservé, corrodé déjà dans la Fig. 166. Ce sont les seules traces de corps comparables à des
noyaux que j'ai observées. Je les regarde plutôt comme des figures de corrosion que comme des différenciations de la
masse centrale.

En coupes obliques, la matière centrale des corps grisâtres présente une trace très faible de striation parallèle aux grands côtés, Fig. 151 à 154, Pl. XII. Cette striation en long de la région centrale est rendue sensible par des alignements de très petits points plus foncés. C'est le seul indice de striation longitudinale qui ait été remarqué.

Sur les coupes parallèles à la surface des corps grisâtres qui contiennent leur enveloppe anisotrope celle-ci se présente striée transversalement. Des traits noirs parallèles barrant toute la face sont séparés par des traits clairs. Lorsque la coupe contient deux ou plusieurs facettes du fragment, la striation change de direction en passant d'une face à l'autre de manière à demeurer transverse par rapport à la nouvelle facette. Fig. 160, Pl. XIII. Les stries noires sont un peu plus épaisses que les stries claires. La Fig. 161, Pl. XIII, montre en fm' la plus fine striation qui ait été observée. Sur la droite de cette figure on voit en fm'' un autre fragment attaqué fortement corrodé suivant sa striation transverse qui devient ainsi particulièrement épaisse et visible. — Une coupe tangentielle prise sur une dépression d'une face montre au centre de la plaque anisotrope enlevée le réticulum donné par les stries noires coupées presque normalement. On les voit prendre leur direction transverse sur les bords de cette plaque avant de s'éteindre en arrivant sur la région rouge brun [1] [2].

Les variantes rencontrées d'un fragment à l'autre sont extrêmement faibles ; toutes ces coupes d'objets grisâtres proviennent d'une seule espèce de corps.

6) Les corps grisâtres se montrent plus ou moins fortement attaqués ; quand ils sont très attaqués ils donnent directement en s'écroulant la pâte fécale.

Les Fig. 163 à 167, Pl. XIII, donnent une idée des divers degrés de l'attaque des corps grisâtres et de la manière dont ils se fondent dans la pâte fécale lorsqu'ils sont très attaqués. 163 et 164 sont des coupes de corps grisâtres avec points corrodés peu nombreux ; ils sont gros dans le premier exemple, et déjà très nombreux dans le second. Les coupes obliques 151 à 153, Pl. XII, montrent la tendance à l'alignement des points attaqués. La surface du corps grisâtre n'est d'ailleurs pas épargnée comme le montre l'exemple fm'' Fig. 161, Pl. XIII. Les Fig. 165-166 présentent des corrosions en hélice mêlées aux corrosions ponctiformes. Elles sont particulièrement visibles dans ces exemples où elles sont soulignées par de la limonite qui colore leur trajet [3]. Les Fig. 166bis, 167, Pl. XIII montrent des corps grisâtres très fortement piquetés. Dans la dernière figure les corps grisâtres nombreux, très piquetés, se confondent avec ceux de la pâte entourante. Il reste encore une trace très faible de l'enveloppe anisotrope enfermant un champ piqueté, puis il n'y a plus moyen de distinguer le corps grisâtre de la pâte entourante. L'attaque peut

---

[1] Ces diverses indications sur la striation montrent qu'il s'agit d'un phénomène réel et non pas seulement de simples phénomènes optiques.

[2] On voit des figures analogues sur les coupes de fragments de fibres musculaires striées de hareng digérées par un phoque lorsque les fécès du phoque sont taillées comme les coprolithes de Bernissart.

[3] Les plus gros canalicules sont doubles ou mêmes triples.

d'ailleurs être très inégale, fort avancée d'un côté alors qu'elle commence seulement sur la face opposée *fm' fm''* Fig. 166bis, Pl. XIII.

γ) Que sont les corps grisâtres, élément important des coprolithes de Bernissart se fondant directement dans sa pâte ?

Je crois que les caractères relevés imposent la conclusion suivante : *Ce sont des fragments de fibres musculaires striées, isolées, coupées en divers sens.*

Les coupes méridiennes et transverses disent qu'il s'agit de corps fragmentaires tous *isolés*. Sur les sections transverses ou presque transverses des objets la zone périphérique anisotrope entoure nettement de tous côtés la masse centrale. Sur les sections obliques ou presque longitudinales, au contraire, l'enveloppe anisotrope ne borde extérieurement que les grands côtés, les bouts de la matière centrale butant directement contre la pâte fécale, on a donc bien affaire à des *corps fragmentaires*.

La conclusion fibre musculaire striée me paraît imposée par les faits suivants.

Toutes ces coupes des corps grisâtres correspondent à celles que donnent les fragments de fibres musculaires qu'on rencontre dans les fécès de carnassiers abondamment alimentés ([1]).

La striation transverse observée est identique à la striation transverse des faces des fibres musculaires actuelles. — Comme celle-ci elle suit ces faces. Fig. 180, Pl. XIII. Elle est faite de traits noirs et de traits clairs localisés dans la partie anisotrope.

La striation longitudinale est beaucoup plus difficilement perceptible que la striation transverse.

Il y a une zone anisotrope différenciée par rapport à une zone intérieure plus colorable.

L'absence de *Champs de Conheim*, de *noyaux soulignés*, de *myolemme*, ne suffit pas à écarter le rapprochement établi, puisqu'il y a des fibres musculaires plus simples où ces champs et où l'enveloppe différenciée de la fibre n'existent pas. Quant aux noyaux, ils ne sont pas immédiatement visibles, sans coloration spéciale, sur des fragments de fibres musculaires digérées par les animaux actuels lorsqu'on emploie le procédé de montage adopté pour faire la préparation des coprolithes.

La corrosion et la destruction des fragments de fibres musculaires pendant la digestion des animaux actuels est identique à ce que montrent les débris fossiles.

Ces caractères me paraissent suffisants pour justifier la détermination que j'ai acceptée, vu les caractères des fragments et la nature de l'objet qui les contient.

On sait d'ailleurs que les fibres musculaires striées peuvent traverser l'intestin d'animaux carnassiers et omnivores et se retrouver dans leurs fécès. La striation, et surtout la striation transverse, est très visible sur ces fibres broyées qui ont subi l'action des sucs de

---

([1]) Sur des coupes de crottins d'otarie, rapidement séchées à 120°, durcies à la résine puis coupées et montées au baume, l'aspect des sections des fibres musculaires striées *isolées* est *identiquement* celui des corps grisâtres et, comme pour ceux-ci, la striation musculaire transverse est ordinairement seule visible.

l'appareil digestif. Ce fait a été constaté maintes fois chez l'homme et chez le chien ([1]). On le retrouve chez le tigre, chez l'otarie. Les otaries du Jardin zoologique d'Anvers nourries de harengs montrent dans leurs fécès parmi des débris d'arêtes et d'écailles de nombreux fragments de fibres musculaires striées, isolées, brisées, diversement attaquées. Quand l'alimentation est moins copieuse, la disparition des fibres musculaires est complète. Des fécès de panthère noire nourrie à la viande de cheval, celles de crocodiles alimentés de la même manière n'en présentaient plus trace. De même la truite nourrie à la viande de cheval ne laisse passer dans ses détritus que des membranes élastiques. De jeunes alevins de tanche nourris avec des larves de chironomes dissolvent totalement les fibres musculaires de ces insectes. La présence de fibres musculaires fragmentées est donc un fait possible et même fréquent quand l'alimentation des carnassiers est abondante. Jusqu'ici pourtant elle n'avait pas été signalée que je sache dans les coprolithes. Ainsi il n'a pas encore été vu de fibres musculaires striées dans les coprolithes permiens d'Autun, de Saint-Hilaire, de Commentry ([2]), bien qu'il s'agisse de crottins d'ichthyophages. D'autre part, les coprolithes quaternaires de *Hyena crocuta* que j'ai étudiés n'en contiennent pas non plus.

La fossilisation phosphatique de la fibre musculaire a laissé subsister quelques-unes de ses différenciations.

δ) L'état des fibres musculaires dans les fécès de Bernissart indique qu'il s'agit de fibres broyées et de crottins rejetés après digestion complète.

L'isolement des fibres musculaires dépend surtout de leur séjour dans les sucs digestifs et de la nature des muscles ingérés. Les fibres musculaires de hareng macérant en liqueur pepsique acidifiée s'isolent et deviennent très fragiles. Elles se rompent transversalement, mais leurs fragments sont longs et surtout très inégaux. Il n'y a pas alors cette sorte de calibrage qui fixe aux fragments une taille supérieure, constaté dans les coprolithes de Bernissart. Les fibres musculaires de hareng qui ont subi la mastication pourtant grossière de l'Otarie se présentent en fragments beaucoup plus uniformes que les fibres simplement macérées. Il est donc très probable que les fibres musculaires de Bernissart ont subi un broyage et même un broyage fin qui a calibré leurs fragments comme dimensions supérieures.

Il semble d'ailleurs aussi, vu l'absence de variations sensibles, que ce soit une seule espèce zoologique qui a fourni l'alimentation du carnassier de Bernissart.

La présence de fragments musculaires striés dans des fécès moulées, loin de tout débris osseux ou de toute carcasse, spécifie qu'il s'agit de crottins rejetés après digestion complète par l'animal producteur, son alimentation ayant été abondante dans cette période et sa digestion rapide.

ε) La structure révélée par les coupes transverses des fibres musculaires ingérées par le carnassier de Bernissart soulève de curieux problèmes d'histologie comparée. On sait

---

([1]) Gorup-Bezanez, *Chimie physiologique,* vol. I : Etude chimique des fécès, p. 760.
([2]) Allier.

que c'est la matière contractile de la fibre musculaire qui est à la fois fibrillaire et anisotrope dans cet organite. S'il en était ainsi à l'époque des Iguanodons et *si c'est bien cette différenciation qui est conservée*, la matière contractile des fibres mangées ne formait qu'une enveloppe autour d'une région centrale qui ne paraît pas être divisée en champs fibrillaires ou champs de Conheim. Une telle structure n'est connue aujourd'hui que chez des êtres inférieurs, Insectes, Crustacés où la matière fibrillaire contractile entoure une masse plasmique centrale nucléée. Comme il n'y a pas de fragments chitineux en suspension dans la pâte des coprolithes de Bernissart, Insectes et Crustacés doivent être certainement exclus des aliments ingérés par l'auteur des coprolithes ([1]). On arrive donc ainsi à cette conclusion que le carnassier de Bernissart s'alimentait exclusivement avec de grandes masses musculaires d'animaux sans chitine, c'est-à-dire de vertébrés. Mais d'autre part, dans les poissons, les batraciens et les reptiles actuels, la section transverse de la fibre musculaire striée présente des champs de Conheim bien caractérisés et un myolemme différencié, la partie plasmique étant réduite à des trabécules et à ses noyaux. On arrive donc à se demander si la différenciation de la fibre musculaire striée des vertébrés n'était pas moins complète à l'époque de Bernissart qu'elle ne l'est de nos jours. La matière contractile fibrillaire n'y formait-elle alors qu'un revêtement superficiel uniforme autour d'une masse plasmique centrale? Ceci rendrait compte de l'absence de noyaux superficiels et de la rareté des noyaux centraux difficilement soulignables dans le protoplasme entourant, coloré comme lui en rouge brun. Je crois qu'il était nécessaire d'appeler sur ce point l'attention des chercheurs.

§ 5. — Les organes capsulaires de l'échantillon 1 J.

Les diverses sections de l'échantillon 1 J, mais surtout ses sections horizontales, montrent un assez grand nombre de corps que je nomme *corps capsulaires* (Fig. 168, Pl. XIII). Ils se présentent comme une mince membrane jaune d'or à double contour homogène, *isotrope*, très nettement limitée, surtout en dehors. La membrane entoure un espace arrondi, parfois déprimé d'un côté ou même refoulé en dedans. Ce côté refoulé peut être ouvert. Ces organes capsulaires peuvent se présenter complètement aplatis, Fig. 168, Pl. XIII, c. ap.

Les dimensions du sac sont très variables. Elles sont en moyenne de : longueur 25μ, largeur 23μ. Les plus grands mesuraient : longueur 43 μ, largeur 45 μ. Les plus petits descendaient à 8 μ. L'épaisseur de la membrane limitante est de 1μ, 5 à 2μ,5. Je n'ai pas vu d'ornementation ou de striation à la surface externe de cette lame.

([1]) Les téguments chitineux des fourmis traversent indemnes l'intestin des faisans, ceux des larves de chironomes se retrouvent brisés, mais non attaqués dans les fécès des jeunes alevins des établissements de pisciculture. J'ai signalé qu'il a été trouvé des fragments chitineux colorables dans un coprolithe de Bernissart enrobé, Échantillon (66 J, 67 J) ([2]).

([2]) Il en a été aperçu un autre fragment sur la cassure transverse droite de l'échantillon 84 R.

L'intérieur du sac est occupé par des trabécules formant un réticulum jaune d'or isotrope. Les filaments peuvent devenir plus gros, noueux, avec un aspect résineux, mais en restant jaune d'or. Ils peuvent être mêlés de corps flous ou bullaires, semblables à ceux de la pâte fécale entourante. Les corps capsulaires peuvent être remplis de cette pâte. Enfin le centre peut être incolore et vide.

Ces corps capsulaires se raréfient sur les autres coupes de l'échantillon 1 J. Ils deviennent très rares ou ils manquent complètement sur les coupes des autres échantillons.

Je ne sais ce que sont ces organites. Ce sont sans hésitation possible des corps figurés, très différenciés par rapport à la pâte entourante. Je n'ai pu les rattacher à une altération des fibres musculaires, les réduisant par exemple à leur enveloppe fibrillaire. L'aspect des fibres musculaires voisines s'en écarte beaucoup. Ce ne sont pas des cellules épithéliales. Ce genre d'organites est fréquent dans les fécès, mais si on les observait dans le spécimen 1 J on devrait les trouver dans les coupes de 74 J. De même la généralité des globules graisseux dans les fécès écarte cette attribution qui cadrerait pourtant assez bien avec la variabilité de la taille et la forme arrondie des organes capsulaires. J'ai dû écarter les organites végétaux comme les pollens, la membrane des corps capsulaires n'ayant ni l'aspect ni les caractères des membranes végétales. Il semble jusqu'ici que ce soient des corps cellulaires altérés réduits à leur couche membraneuse superficielle finissant par se remplir de la pâte fécale. Comme ils sont très répandus dans l'échantillon 1 J je ne pouvais pas les passer sous silence.

§ 6. — Les fragments osseux microscopiques.

6a. — J'ai déjà fait remarquer le petit nombre des coprolithes du type dominant dans lesquels un examen macroscopique des cassures avait montré la présence de fragments osseux. La parcelle de tissu osseux caverneux rencontrée dans l'échantillon 74 J 75 J indiquait un tissu osseux de Reptile. Le fragment de mâchoire de Pycnodonte spécifiait un Poisson ganoïde. Numériquement c'est une proportion de 0,024 à 0,033 qui présente des fragments osseux visibles à la loupe. Cette présence est donc un fait exceptionnel, manifestement accidentel. Ces fragments ont été ingérés par hasard avec les aliments ordinaires. Ils ont même échappé au broyage comme l'indique ce bout de mâchoire où les dents étaient restées en place.

6b. — Les coupes minces ont augmenté le nombre des exemples dans lesquels on a trouvé des fragments osseux. L'échantillon 48 V présente dans sa section transversale Tr. 1 la coupe d'un os caverneux et deux lamelles osseuses vues de face. L'échantillon 24 J a montré une lamelle osseuse. Les autres coupes n'en présentent pas, pas même celles de 74 J 75 J où cependant il avait été trouvé un fragment macroscopique d'os de reptile.

Cette absence de fragments d'os n'est pas le résultat d'une dissolution des os par des sucs digestifs particulièrement acides. Les os ne sont pas corrodés contrairement à ceux des fécès de la *Hyena crocuta*, Fig. 177 et 178, Pl. XIV.

La conservation des os dans ce milieu spécial était possible comme le montrent les parcelles osseuses de 48V et de 24 J. Elle s'opérait en laissant à la parcelle osseuse ses caractères essentiels ; si l'os ne se retrouve pas aujourd'hui, c'est qu'il n'était pas ingéré normalement. L'os absorbé était une rareté. Il se présente en très petites lamelles accidentelles. Les dimensions des lamelles observées sont :

Os caverneux de 48 V . . . . 1300 μ sur 1000 μ Fig. 139, Pl. XI.
Lamelle osseuse voisine de l'os caverneux. 730 μ sur 400 μ Fig. 140, Pl. XI.
Lamelle osseuse de 24 J . . . . 280 μ sur   63 μ Fig. 141, Pl. XI.

Dans ces lamelles l'os a exactement les mêmes caractères histologiques que les os et tendons directement entourés d'argile. La matière osseuse est blonde ou grise, fendillée par retrait. Les canalicules osseux sont peu visibles parce qu'ils sont injectés. Ils ne sont pas corrodés (¹). Les cellules osseuses ont disparu. Il n'y a pas de sphérules micrococciformes dans ces canalicules. La matière de l'os s'illumine entre les nicols croisés. Les bords des écailles osseuses sont vifs, non attaqués. La matière coprolithique n'a pénétré que dans les cavernes déjà ouvertes de l'os. Elle n'a pas injecté le reste de la parcelle osseuse.

Le carnassier producteur des coprolithes de Bernissart n'avalait donc pas d'os avec la chair musculaire dont il s'alimentait. Ceci revient à dire qu'il épluchait ses aliments. Un carnassier piscivore comme l'Otarie laisse passer dans ses fécès des fragments d'arêtes beaucoup plus gros que les parcelles observées dans les crottins de Bernissart et des écailles.

Il n'a pas été rencontré une seule indication d'écaille dans les coupes minces des coprolithes dominants bien qu'on les ait étudiées tout spécialement à ce point de vue.

Il s'est développé des membranes de limonite à la surface des cavernes des fragments d'os noyés dans la pâte fécale.

§ 7. — Les membranes conjonctives.

Il a été rencontré deux exemples de membranes conjonctives dans la coupe transverse n° 2 de l'échantillon 74 J, et un autre exemplaire très altéré dans la coupe R.V. 1 de l'échantillon 36 J. Ces membranes sont donc une rareté malgré leur résistance bien connue à l'action des sucs digestifs. L'une des membranes de l'échantillon 74 J est peu altérée, l'autre au contraire est profondément attaquée et très difficilement différenciable de la pâte entourante. On sait d'ailleurs que des membranes conjonctives traversent l'appareil digestif d'un carnassier comme la Truite sans cesser d'être reconnaissables. Toutefois leurs fibrilles particulièrement nettes tendent à se séparer.

La plus grande des lames conjonctives mesure 3700 μ de long sur 83 μ de large,

---

(¹) Comparer les Fig. 139 à 141, Pl. XI et les Fig. 177, 178, Pl. XIV, tirées des os digérés par la *Hyena crocuta*.

Fig. 142, 143, Pl. XI. Elle se présente sous la forme d'un trait jaune qui, partant de la surface, s'enfonce obliquement dans la matière coprolithique. Elle se courbe et s'effiloche à son extrémité intérieure. C'est une bande jaune devenant orangée près des deux faces. Cette coloration plus foncée s'étend à 15 μ de la face externe et à 10 μ de la face interne. Cette membrane n'a pas de structure cellulaire visible. On ne voit ni ostéoplastes ni canalicules, ce qui fait écarter de suite la notion de lamelle osseuse. La structure fibrillaire est à peine soupçonnable et seulement par l'effilochement de l'extrémité.

Placée entre les nicols croisés la lame s'illumine sur les deux faces, les bandes lumineuses étant séparées par une large bande noire. Celle-ci demeure éteinte dans tous les azimuts d'une rotation complète. Pendant cette révolution on remarque que les bandes lumineuses marginales présentent un maximum de largeur et de luminosité et à 90° une position d'extinction qui n'est pourtant pas complète. Dans la position d'extinction chaque bande lumineuse très affaiblie est comme détriplée par une bande noire médiane beaucoup moins accusée que la grande lame médiane. Il s'agit donc d'un corps à structure fibrillaire croisée, mais dans lequel on ne voit ni canalicules, ni ostéoplaste, ni organite nucléaire différencié. L'opposition de la région médiane aux bandes marginales si accusée entre les nicols croisés par la différence de leurs qualités optiques n'est pas visible en lumière ordinaire.

Cette lame montre quelques points micrococciformes peu nombreux, plus visibles du côté de son extrémité amincie.

La seconde lame conjonctive est placée profondément dans le coprolithe. C'est une longue lame rouge-brun très amincie et très attaquée. Elle n'a que 9μ d'épaisseur. Elle n'est donc pas visible à la loupe. Entre les nicols croisés elle ne s'illumine qu'en quelques points. Ailleurs elle est décomposée en fibrilles. Elle est chargée de points micrococciformes de sorte qu'il est par place fort difficile de la distinguer de la pâte entourante. Même à cet état de transformation la lame conjonctive ne montre aucune tendance à prendre le faciès des minces lames limonitiques non directement rattachables aux fissures.

La lame conjonctive de 36J n'agit plus sur le plan de polarisation de la lumière, elle est très altérée.

La détermination de ces membranes comme lames conjonctives me paraît résulter des faits suivants :

Ce sont certainement des *corps figurés membraniformes d'origine animale.*

Ils ont *une structure fibrillaire croisée très accusée* sans intervention des ostéoplastes, des canalicules osseux et des corps plasmiques des tissus osseux et cartilagineux.

Attaqués par les sucs digestifs *ils tendent à se dissocier en fibrilles.*

Ce ne sont ni des écailles, ni des lames chitineuses qui n'ont point cette structure.

Il reste donc comme seule attribution possible : *des lames conjonctives.*

b. — Corps ingérés accidentellement avec les aliments.

J'ai décrit les fragments osseux que le carnassier de Bernissart avalait accidentellement avec les masses musculaires dont il faisait sa nourriture. De ce chef il peut y avoir et on a vu des animaux divers représentés dans ces fécès. Mais plus fréquemment les minces écailles osseuses qui ont été entraînées venaient de l'animal mangé par le carnassier et à ce titre leur ingestion avec les aliments était presque normale. Il ne me reste donc qu'à étudier les deux autres catégories de débris ingérés accidentellement avec les aliments : les *débris végétaux* et les *parcelles clastiques micacées*.

§ 8. — Les fragments végétaux.

Il y a des exemples certains de débris végétaux enfermés dans les coprolithes dominants et non simplement posés à leur surface. Ils sont très petits. Le plus grand de ceux qui ont été reconnus, celui de l'échantillon 18R 79J, mesurait longueur $1^{mm}5$, largeur $0^{mm}5$. Les autres fragments sont si petits qu'ils ne sont visibles que par transparence au microscope. Il en a été trouvé des exemples sur les coupes minces de presque tous les échantillons analysés en particulier dans (74J 75J), 1J, 24J.

Ces objets sont de très petites dimensions, très isolés.

Ce sont des fragments foliacés et ligneux. Il n'y a ni pollen, ni spores, ni cuticules. il n'y a pas de Diatomées, je n'y ai pas rencontré de trachées isolées ou déroulées, ni de fibres isolées. L'animal *n'absorbait donc pas de matière végétale vivante même en minime quantité pour s'en nourrir*. Les fragments végétaux sont rouge brun ou noir. Il y en a même de totalement fusinifiés. Ils sont brisés à angles vifs, non rongés sur les bords, par conséquent inattaqués par les sucs intestinaux. Ils sont affaissés. La pâte fécale emplit les cavités cellulaires ouvertes, mais elle ne pénètre pas au delà.

Ces objets sont en quantité infime par rapport à la pâte fécale. Ce sont des points isolés. Ils ne font pas partie du régime alimentaire normal de l'animal. Ce sont de minces parcelles qui sont tombées sur la nourriture du carnassier et qu'il a avalées avec ses aliments. On doit écarter les végétaux vivants qui se montreraient dissociés, les corps végétaux étaient déjà en parcelles fragmentaires, très petites et humifiées. Il se pourrait même que ces parcelles végétales humifiées eussent déjà subi un premier enfouissement et aient été remises à découvert avant d'être ingérées. L'échantillon 25R 26R présente, en effet, des blocs remaniés d'une argile très foncée, presque noire, chargée de parcelles végétales lignifiées. Les parcelles végétales ont donc le caractère de fragments déjà humifiés avalés accidentellement, ayant échappé au broyage de la nourriture, car elles n'y sont pas mêlées dans toutes ses parties.

Les parcelles végétales sont nettement reconnaissables au squelette cellulaire dont

elles sont formées. Elles présentent tous les stades avancés de l'humification des parois.
La plupart de ces parcelles sont fendillées par retrait tardif et assombries par l'action de
l'air. Elles sont attaquables par la lessive de potasse à 0.1.

§ 9. — Parcelles minérales micacées.

Il a été rencontré quelques parcelles de mica dans la masse des coprolithes
dominants. Elles ne sont visibles que sur les coupes minces. Elles se distinguent des
plaques d'émail à leur *structure fibreuse* et à leur *dichroïsme*. Il s'agit de parcelles
micacées très petites, plus petites que celles de l'argile entourante. Ces parcelles micacées
sont extrêmement rares. Il en a été observé sur les coupes méridiennes horizontales
3 et 4 de l'échantillon 74J.

La présence de lamelles de mica est donc un fait accidentel dans les coprolithes
dominants. Ce sont des poussières tombées sur la nourriture du carnassier de Bernissart
dans un pays où les roches à éléments micacés étaient à nu. L'animal ne laissait pas
traîner sa nourriture sur le sol, car ses fécès ne contiennent pas de sable, tout le quartz
observé dans les coprolithes a un faciès tardif très accusé.

II. — ÉTUDE DE LA PATE FÉCALE ET DE SES CORPS BACTÉRIENS

§ 10. — La pâte fécale dans son ensemble.

La pâte fécale est formée par une matière fondamentale uniforme, transparente,
grise, jaune, ou même orangée, sans action sur la lumière polarisée. Elle est chargée dans
toutes ses parties d'une prodigieuse quantité de très petits corps ponctiformes, sphériques
ou brièvement ellipsoïdes, rarement en bâtonnets courts. Certains de ces corps sont flous,
grisâtres ou bleuâtres presque invisibles. Ils rendent la pâte granuleuse. Les autres,
beaucoup plus nets, sont bullaires, noirs ou brillants. Ce sont ces derniers qui forment
les picotis nuageux des bons échantillons. La matière fondamentale de la pâte est donc
une sorte de réseau ou d'émulsion dont les vides sont occupés par les points sphérulaires
et dont les enveloppes alvéolaires aussi épaisses ou plus épaisses que le diamètre des
points sont la partie muqueuse où nageaient ces corps. Sur les photogrammes des
échantillons ordinaires la matière fondamentale ne montre qu'un aspect spongieux, comme
si elle était une masse solide creusée de trous et finement corrodée (Fig. 141, Pl. XI).
Dans les régions minces des très bons spécimens les corps flous restent difficiles à voir,
ils sont pourtant différenciés par rapport à leur entourage. Le picotis des corps noirs est
résoluble en points bullaires et en courts bâtonnets qui sont des chaînettes de points.
Ces points bullaires ont souvent le faciès de spores bactériennes ([1]).

---

[1] A un grossissement de 100 on ne voit que ce picotis qui peut paraître craquelé par retrait (Fig. 169 et 178, Pl. XIV).

On ne voit pas de zone muqueuse différenciée au contact des pelotes alimentaires, ni à la périphérie du coprolithe. La pâte du coprolithe touche directement l'argile quand il n'y a pas eu production d'une gaîne ferrugineuse.

§ 11. — Corps flous et corps bullaires. Les corps bullaires sont les corps flous imprégnés du médium durcissant.

Les corps flous sont de petites sphères ou de courts ellipsoïdes grisâtres ou bleutés, pleins, plus transparents que leur entourage. Leur diamètre mesure de $0\mu 6$ à $0\mu 8$, la distance du centre étant $0\mu 8$ à $1\mu 2$. A la vision on ne distingue pas autour d'eux de région différenciée spécifiant l'existence d'une paroi propre. Les photogrammes de régions très minces, longuement posées en lumière très faible, indiquent pourtant une différenciation autour du point flou sous forme d'un contour plus clair (Fig. 168, Pl. XIV). Deux contours clairs sont séparés par une zone plus sombre. Ces corps n'agissent pas sur la lumière polarisée. Les formes en diplocoques sont rares. On ne voit pas de chaînettes, cependant il y en a des indications sur les photogrammes des plages très minces. On ne voit pas de filaments ni de zooglées. Sauf dans les cas de fibres musculaires attaquées les corps flous n'existent pas à l'intérieur des sections de ces organites. Par contre lorsque ces corps sont attaqués, on y trouve des corps flous plus ou moins nombreux isolés en amas ou en files. Ils deviennent même si nombreux qu'ils farcissent toute la masse de la fibre quand celle-ci s'effondre dans la masse de la pâte fécale.

L'aspect des sphérules flous rappelle un peu celui des sphérules élémentaires du *Zoogleïtes elaverensis* des Charbons de purins de Buxières-les-Mines, mais ils ne sont pas soulignés ici par une localisation de matière colorante brune sur un substratum d'origine plasmique. Les corps bullaires se présentent sphériques ou brièvement ellipsoïdes. On dirait une cavité pleine d'air. La surface de la bulle forme une membrane noire très mince mais très nette autour d'un centre clair. Les plus petits de ces corps bullaires sont noirs ou brillants selon la mise au point. Leur diamètre varie de $0\mu,3$ à $0\mu,8$. Autour de la bulle, il y a une zone jaune clair différenciée par rapport au fond, épaisse de $0\mu,2$ à $0\mu,4$. Entre deux corps semblables, le fond est un peu plus gris. Quand les bulles sont nombreuses elles deviennent confluentes et irrégulières. Il y a quelques traits bacillaires inégaux résolus en chaînettes, là où les bulles sont encore plus nombreuses et plus grosses.

Les corps bullaires sont les corps flous pleins d'air. Il y a en effet un balancement très régulier entre l'abondance relative de ces deux sortes de corps dans les diverses régions d'une même coupe. Quand la résine durcissante a pénétré davantage le coprolithe, ou encore quand la coupe très mince s'est imbibée de baume mou, les corps bullaires se raréfient, ils arrivent à manquer presque totalement; s'il y a de la limonite, certains s'entourent d'une mince couche de limonite rouge brun. Inversement, quand la coupe est plus épaisse, quand le médium a été moins pénétrant, ayant été gêné par les membranes de limonite, les corps bullaires sont très abondants, les corps flous sont moins nombreux. Dans le même sens, on constate, lorsque la matière a été injectée avec un vernis à l'alcool coloré, au violet de gentiane par exemple, que les corps flous sont de petites sphères violettes. L'opposition de la pâte fécale ainsi colorée par rapport aux fragments de fibres musculaires qui y sont plongées est fortement soulignée.

§ 12. — **Les corps flous et les corps bullaires sont les moulages d'une bactérie bacillaire très analogue au « Bacillus coli ».** — **Arguments favorables et défavorables.** — **Y a-t-il lieu de créer actuellement une nouvelle forme spécifique pour ces organites ?**

Que sont ces corps flous ou bullaires?

La forme de ces corps fait penser de suite à des bactéries bacillaires très courtes, très petites, et je crois pouvoir affirmer que ce sont en effet des moulages de cellules bactériennes soulignées par de l'air ou rendues floues lorsqu'elles sont injectées par la matière durcissante employée.

L'affirmation que j'émets me paraît justifiée par les faits suivants :

La forme de ces corpuscules flous est celle de très courts éléments bacillaires, rassemblés en nombre immense, serrés les uns contre les autres, et coupés dans toutes les directions. On y retrouve les mêmes dimensions exiguës, le même calibrage des organites, leur même multiplicité numérique.

Ils sont aussi différenciés par rapport au milieu entourant que les bactéries d'un crottin actuel le sont par rapport à la matière muqueuse et aux parcelles plasmiques qui l'entourent dans la pâte fécale.

Ces corpuscules bactériformes sont localisés dans la matière coprolithique.

La manière dont les fibres musculaires sont attaquées ou envahies par ces corps bactériformes est bien semblable à l'attaque d'une fibre musculaire actuelle par les bactéries de l'intestin.

La nature de la matière qui a donné le coprolithe implique une très grande abondance de bactéries. Il s'agit en effet de fécès d'animaux vivant dans un climat relativement chaud comme le montrent les Fougères reconnues à Bernissart. L'aseptie digestive des animaux polaires ne peut être invoquée ici.

Ce mode de conservation a été rencontré dans des milieux analogues. J'ai signalé l'existence de bactéries bacillaires *teintées par action élective* et *opposée au mucus entourant* dans les coprolithes de Buxières-les-Mines. Plus ordinairement la bactérie est moulée comme dans le cas du *Bacillus permiensis* des coprolithes d'Igornay, le moule étant parfois rempli de pyrite comme dans les Bacilles des coprolithes de Lally.

10. — 1903.

L'analyse micrographique que j'ai pu faire des coprolithes quaternaires de *Hyena crocuta*, trouvés dans les grottes d'Hastières, ajoute aussi quelques faits très favorables à ma manière de lire ces traces organiques. Dans ces crottins de carnassiers les os brisés, à canalicules corrodés, sont plongés dans une pâte uniforme déjà fissurée et trouée. Dans les fissures sont des lames de quartz tardif et quelques trous contiennent de la limonite massive. Il n'y a pas de fibres musculaires. Selon son degré d'imbibition par le médium durcissant, ou bien la pâte presque incolore est rendue grumeleuse par des corps flous très difficiles à analyser, ou bien elle est toute chargée et picotée de petits points noirs bullaires. Les vernis colorés agissent sur ces points noirs ou flous comme sur les corps flous de Bernissart. Cette partie grumeleuse incolore échappe à un grossissement de 100 diamètres ; on ne voit alors que le picotis noir en forme de nuages, Fig. 174, Pl. XIV. A 400 diamètres dans les régions les plus favorables, on le soupçonne comme une sorte de mise au point imparfaite ou de gravure du fond, Fig. 175 et 176, Pl. XIV. Ces gravures reproduisent l'aspect de la Fig. 168, Pl. XIII. L'examen des points noirs bullaires montre des sphérules, des ellipsoïdes courts, des bâtonnets résolubles en chaînettes avec des irrégularités de calibrage rencontrées dans les coprolithes de Bernissart. D'autre part, en multipliant les photogrammes, on obtient des images comme celle de la figure 176 où la ressemblance avec celle que donnent des cultures pures du *Bacillus coli* étalées à sec est frappante.

Cet aspect est aussi celui de la pâte fécale de crottins d'Otarie rapidement séchés à 120°, durcis à la résine, coupés et montés comme les coprolithes. Or, cette pâte est précisément formée d'éléments bactériens où domine le *Bacillus coli*.

Une dessiccation rapide et prolongée de la matière fécale d'animaux carnassiers, lion, chien, crocodile ne réussit pas à y faire disparaître les organismes bactériens. Ceux-ci y subsistent à l'état de cadavres encore colorables. Les parcelles des fécès chargées du *Bacillus coli* rapidement tué par la chaleur et montées dans l'huile de cèdre de Zeiss, avec ou sans coloration préalable, ressemblent beaucoup aux figures de la pâte des coprolithes dominants de Bernissart [1].

J'estime donc qu'on peut conclure qu'il s'agit presque certainement des moulages de corps bactériens où domine une forme bacillaire très analogue au *Bacillus coli*, n'en différant que par une taille moindre.

Par contre, on peut présenter les objections suivantes :

a) La détermination de ces corps sphérulaires comme corps organisés et en particulier comme des cellules bactériennes d'après les seuls indices morphologiques relevés est insuffisamment établie. Ces mêmes caractères peuvent se trouver réunis dans des formations inorganiques ou simplement inorganisées qui prennent l'apparence coccoïde, bacillaire, ou même héliçoïde, il suffit de rappeler les aspects bien connus de très fines gouttelettes d'eau

---

[1] Réserve faite de la structure particulière des fibres expérimentées.

émulsionnées dans le Baume de Canada, des urates observés dans la glycérine et dans l'acide acétique, les nombreuses inclusions des calcaires et des argiles, les formes du rutile dans les ardoises.

b) La rareté des formes en diplocoques et en bâtonnets qui peut être invoquée aussi, vient probablement ici de ce que les éléments coccoïdes sont vus en nombre immense au lieu d'être dilués comme on le fait dans les préparations de bactéries vivantes.

c) Des granulations plasmiques, des noyaux mêmes libérés par la digestion, doivent se trouver mêlés dans toute cette pâte fécale. Ils n'y sont pas soulignés. Comment alors le protoplasme bactérien se retrouverait-il si différencié? Les coprolithes de *Hyena crocuta,* les coprolithes d'Autun montrent les mêmes faits. Dans les fécès rejetées, on constate souvent des résultats semblables poussés presque aussi loin. Puis l'absence de différenciation invoquée ici peut très bien être plus apparente que réelle et tenir uniquement à l'uniformité des colorations et des réfringences comme l'indique la figure 168.

d) On trouve des corps bactériformes en cocci et en bâtonnets dans l'argile entourante. Certains sont certainement des inclusions avec micro-cristaux agissant sur la lumière polarisée. La nature de ces corps est incertaine et très discutée. Nous aurons à nous en occuper en étudiant l'argile grise qui est riche en matière organique. D'autre part, on sait aujourd'hui que les vases argileuses fraîchement déposées, sont le siège d'abondantes cultures bactériennes comme l'a montré la sulfuration des vases noires. Le mélange de figures simples organiques et inorganiques est donc possible.

Je conclurai comme suit :

Les arguments directs, tirés de la forme, des dimensions, du groupement des corps bactériformes des coprolithes de Bernissart, ne suffisent pas à eux seuls pour établir complètement que ce sont bien là des restes d'organismes bactériens ou leur moulage. L'état de conservation des objets ne permet guère de faire appel à la structure de la paroi ni à celle du protoplasme.

Un certain nombre de faits augmentent beaucoup les probabilités de la détermination acceptée : la nature du milieu; le mode d'attaque des fibres musculaires; les faits présentés par d'autres coprolithes où l'on parvient à montrer des bactéries colorées par élection dans le mucus entourant, ou moulées et surmoulées ; l'identité d'aspect avec celui de la pâte fécale de carnassiers très chargée de *Bacillus coli.*

L'attribution proposée paraît donc infiniment probable.

Convient-il de rapporter cette forme bactérienne à un type spécifique connu comme le *Bacillus coli,* par exemple, ou bien y a-t-il lieu, vu l'éloignement dans le temps, de créer une espèce nouvelle pour cette bactérie fossile de Bernissart?

Lorsqu'on compare les photogrammes des cultures pures du *Bacillus coli* et ceux de la pâte fécale des coprolithes de *Hyena crocuta,* on est frappé de l'identité de forme, de dimensions, de groupement des éléments bacillaires et l'on admet de suite que *B. coli* est certainement l'élément bactérien dominant de cette pâte, comme il domine dans une coupe de crottin d'Otarie.

Lorsqu'on fait la même comparaison avec l'élément bactérien des coprolithes dominants de Bernissart, celui-ci paraît plus petit, plus ramassé, moins souvent en chaînettes. — Bien que le milieu, de même nature, spécifie des habitudes physiologiques analogues, l'identification ne me paraît pas possible. *Je ne proposerai donc pas l'extension du nom spécifique Bacillus coli à l'espèce de Bernissart.* Mais comme, d'autre part, la bactérie ancienne n'est que très imparfaitement connue, que toute l'histoire de son développement nous échappe, j'estime que dans ces conditions on ne peut pas proposer la création d'une espèce nouvelle. Je crois qu'il suffit pour désigner cet élément bactérien de dire : *la bactérie, en bacille court, des coprolithes de Bernissart.* — Cette prudence semble d'autant plus convenir que, les pâtes fécales étant toujours chargées de plusieurs espèces bactériennes, il est infiniment probable qu'il y a là un mélange d'espèces où l'une d'elles domine, mais où les autres sont en proportion non négligeable.

§ 13. — Autres indications d'organismes bactériens.

Il a été rencontré dans les coprolithes dominants de Bernissart une autre indication d'organismes bactériens. Elle est beaucoup plus incertaine que la précédente. Je dois la mentionner, parce qu'elle se retrouve plus fréquente et plus accusée dans les coprolithes des crocodiliens de la même localité et qu'elle rappelle beaucoup le mode de conservation du *Bacillus permiensis* des coprolithes d'Igornay.

Cette indication est surtout accusée *à la face inférieure des coupes radiales* 1 et 2 de l'échantillon 36 J. On la retrouve dans les coupes de 1 J et de 40 Bl.

Ces préparations présentent des traits bacilliformes, arrondis aux deux bouts, transparents, sans action sur la lumière polarisée, mesurant : longueur, 3 à 8 μ, diamètre 1μ 2 à 2μ. Ce sont donc des gros éléments. On ne peut dire si chaque article a été ou non subdivisé transversalement. Ces bâtonnets sont isolés et associés en chaînettes qui sont parfois rameuses. D'autres fois, les bâtonnets sont reliés entre eux par des fractures. Il n'y a pas de parois propres à la surface des bâtonnets. Lorsqu'ils sont coupés transversalement ou obliquement, ils montrent un trou entouré d'une auréole plus claire dans la matière fondamentale qui entoure le tube. L'épaisseur de cette auréole atteint 0.5.

Je n'ai pas vu de corps brillants sporiformes dans ces tubes. Je n'y ai pas vu de quartz, de pyrite, ou de limonite.

Ces bâtonnets blancs sont orientés dans toutes les directions. Ils sont rares par rapport aux sphérules flous. Ils ne pénètrent pas dans les fragments de fibres musculaires.

Les indications qui précèdent ne suffisent pas à permettre de décider si l'on est en présence de moulages d'organismes bacillaires ou si l'on est en présence d'accidents de conservation ; mais comme ces aspects se retrouvent dans d'autres types coprolithiques du même gisement en s'accentuant et en arrivant à reproduire des faciès connus des Bacilles coprolithiques permiens, cet indice de la présence possible d'une seconde sorte de Bactéries devait être relevé.

§ **14.** — **Absence d'enveloppe muqueuse bactérifère, de gaîne d'algues, d'un feutrage mycélien. — Absence de coprolithes envahis intérieurement par les mucédinées. — Absence d'urates.**

La pâte fécale touche directement l'argile sans interposition d'une enveloppe diluée plus ou moins chargée de bactéries et d'infusoires. On ne voit pas de couche gélatineuse chargée d'algues autour de la masse fécale. Il n'y a pas non plus de filaments mycéliens formant feutrage à la surface du coprolithe. Il n'y a pas de revêtement de spores. Il n'a pas été rencontré de coprolithes envahis intérieurement par les mucédinées.

Il n'a pas été observé d'urates comme corps figurés, et l'analyse chimique du Professeur Ludwig a constaté cette absence après une recherche toute spéciale. — Nous n'avons pas constaté autour des coprolithes ni dans leur intérieur de disparition de substance, de poches vides ou de corrosions qui puisse faire croire qu'il y a eu *épuisement en urates*. D'autre part, Bernissart n'a fourni aucun urolithe.

CHAPITRE VII

Les corps introduits dans le coprolithe pendant sa fossilisation. — Les figures
pseudo-organiques dues à la limonite. — Effacement de la structure initiale.

SOMMAIRE

§ 1. — Énumération des corps introduits dans les coprolithes dominants pendant leur fossilisation.

A. — La limonite et les figures pseudo-organiques qu'elle produit.

§ 2. — Caractères de la limonite. — Divers états auxquels on la rencontre. — Etat primitif de la limonite.

§ 3. — La limonite en amas. — Direction de la pénétration de ce premier envahissement de limonite.

§ 4. — La limonite de revêtement des fissures. — Ses figures pseudo-organiques en lames et en tissus végétaux.

§ 5. — La limonite en lames qui n'ont pas de rapports immédiats reconnus avec des fissures.

§ 6. — La limonite en ballonnets. — Les corps sporiformes. — Mode d'envahissement de la limonite en ballonnets. — Le dépôt ferrugineux tubuleux et alvéolaire des cavernes du coprolithe.

§ 7. — Cette limonite ne provient pas de la transformation sur place de cristaux de pyrite antérieurement formés.

B. § 8. — La pyrite de fer.
C. § 9. — Le quartz.
D. § 10. — La silice amorphe.
E. § 11. — Degrés d'effacement de la structure du coprolithe qui ont été observés.

---

§ 1. — Énumération des corps introduits dans les coprolithes dominants pendant leur fossilisation.

Les corps introduits dans les coprolithes dominants pendant la fossilisation sont :
La limonite,
La pyrite de fer,
Les cristaux de quartz,
Exceptionnellement de la silice amorphe provoquant le durcissement partiel de la surface de quelques échantillons (46 J, 47 J, 40 Bl), par exemple.

A. — LA LIMONITE ET LES FIGURES PSEUDO-ORGANIQUES
QU'ELLE PRODUIT

§ 2. — Caractères de la limonite. — Divers états auxquels on la rencontre. État primitif de la limonite.

La limonite se présente en membranes rouge brun plus ou moins foncées, devenant orangées, parfois difficiles à voir quand elles sont très minces. Elles sont sans action sur la lumière polarisée et solubles dans l'acide chlorhydrique. Elles localisent la fuchsine ammoniacale. La limonite a été rencontrée sous les états suivants dans des coprolithes dominants :

En amas spongieux ou massifs, parfois liés à de grosses bulles ou à des trous.

En lames tapissant la surface de minces fissures. A cet état, elle détermine souvent des figures pseudo-organiques, pseudo-lamelles végétales, pseudo-tissus rappelant les faciès du liège et du bois.

En lames minces sans liaison certaine reconnue avec les fissures.

En ballonnets.

Ces divers états ne peuvent se rattacher à la transformation immédiate de grains de pyrite. Par contre, il est quelques autres amas de limonite qui ont cette seconde origine. J'en parlerai à la suite de la pyrite.

Lorsqu'une laque ferrugineuse se forme par arrivée d'une base comme la potasse, l'ammoniaque ou même la chaux dans une solution aqueuse très étendue d'un sel de fer, sulfate ferreux, chlorure ferrique ([1]), on récolte, quand la coagulation devient sensible, des flocons composés d'un granulé très fin non résoluble à l'objectif 2 oc. 12 de Zeiss. En liqueurs plus concentrées les flocons sont denses, le granulé est plus compact. Ces flocons condensent les colorants comme la fuchsine. En séchant ils donnent une membrane ou un vernis orangé ou rouge brun. Quand par hasard il y a des bactéries dans la liqueur où se formait la laque, les bactéries sont saisies ou enrobées dans le coagulum. Ces organites s'y différencient nettement par la netteté de leur contour. On peut les y souligner en profitant de leur propriété de condenser plus fortement quelques colorants. En se précipitant à l'état de limonite, les sels de fer donnent donc des flocons gélatineux et granuleux qui, en séchant, produisent des membranes ou enduits vernissants rouge brun, enrobant les très petits corps qui sont dans le milieu formateur.

§ 3. — La limonite en amas. — Direction de la pénétration de ce premier envahissement de limonite.

La limonite en amas spongieux ou massifs paraît être la forme sous laquelle cette matière s'est d'abord accumulée dans les coprolithes dominants.

([1]) Liqueurs diluées à 0,001 ou 0,002.

Cette limonite se présente en masses arrondies irrégulières, vaguement sphériques ou elliptiques, formées d'une membrane sacculaire rouge brun épaisse, fripée et plissée, avec prolongements intérieurs qui la cloisonnent parfois complètement. Ce sont ces prolongements et ces cloisons qui donnent à la masse son aspect grossièrement spongieux. Ils l'emplissent même complètement. Le diamètre moyen de ces amas est 20 μ. Il s'abaisse à 12 sur 8 μ. Il s'élève par contre jusqu'à 100 μ sur 60 μ . Les plus grosses masses ont une tendance à être elliptiques et même à s'étirer. Ce sont ces amas de limonite qui forment les gros points noirs visibles dans les préparations vues par transparence à un grossissement faible. Ils touchent directement la pâte fécale. Celle-ci n'est pas différenciée en auréole radiée autour d'eux.

Les masses de limonite peuvent se réduire à un amas de petits corps sporiformes ou bactériformes placés côte à côte, le nombre des corpuscules ainsi rassemblé pouvant se réduire à quelques unités.

Inversement, lorsque l'amas de limonite est plus important, la matière paraît emplir des trous préexistants de la matière coprolithique, comme ceux qu'on rencontre à la périphérie des coprolithes de la *Hyena crocuta* (Fig. 179, Pl. XV). Ils se prolongent parfois latéralement et se relient à un autre trou. Rarement ils s'allongent en tubes. L'échantillon 5 J est celui qui montre le mieux cette disposition. Autour des gros amas, entre le sac et la surface du trou, il y a une plage ou enveloppe transparente occupée par du quartz ou simplement par le médium durcissant (Fig. 134, Pl. XI). La pâte coprolithique qui limite le trou présente quelquefois une zone radiée d'épaisseur variable. La contraction de cette région de la pâte a été autre que celle de la masse, peut-être sous l'action de la résistance plus grande du dépôt de silice. Il y a parfois aussi une très mince enveloppe de limonite entre le quartz et la face interne de l'enveloppe radiée. Cette lame mince de limonite est reliée au sac principal par des trabécules ou des membranes. Il y a parfois un cristal de quartz au centre de l'amas de limonite.

On trouve toutes les transitions entre les amas de limonite sans entourage transparent et région aréolaire radiée et celle où tous ces caractères sont très accusés. Plus le dépôt de limonite est important, plus les exemples d'entourages siliceux et de zones radiées sont fréquents. L'échantillon 1 J qui présente les plus petits amas limonitiques ne présente que de petits groupes de corps sporiformes et des corps sporiformes isolés. 74 J 75 J qui représente un très bon état de conservation de la matière coprolithique a des amas de limonite pleins et spongieux sans entourage transparent et sans zone radiée.

Les amas de limonite sont surtout développés dans la région superficielle du coprolithe, ils se raréfient vers sa région axiale qu'ils peuvent atteindre. Cependant il peut arriver que ces amas spongieux existent seulement dans la région superficielle. Tout se passe donc comme si le dépôt de limonite s'était propagé de la surface du coprolithe vers sa région centrale. Ce dépôt de limonite en amas massifs ou spongieux est indépendant de tous les autres qui peuvent le couper ou l'enfermer. Il paraît donc être le premier formé.

§ 4. — La limonite de revêtement des fissures.
Les figures pseudo-organiques en lames et en tissus végétaux.

La masse coprolithique est coupée par de nombreuses fissures très fines dirigées en divers sens. Très souvent la surface de la fente est couverte d'un enduit de limonite. Ce sont de minces lames brun rouge, d'autant plus colorées qu'elles sont plus épaisses. Elles sont continues, limitées par un double contour très net. Elles peuvent se relier entre elles, se contourner. Ces revêtements de fissures donnent souvent naissance à des figures pseudo-organiques qu'il peut être difficile de distinguer de certains corps figurés. C'est surtout avec des lames végétales arrivées à un certain degré d'humification que la confusion est facile.

Les formes végétales les plus fréquemment imitées sont les suivantes :

Une lame mince continue très pâle à double contour paraît représenter un morceau de cuticule végétale. On ne pourra faire la distinction qu'en remarquant qu'une cuticule végétale serait jaune d'or, moins nettement arrêtée sur ses deux faces, et ondulée ou roulée au lieu d'être si nettement rectiligne, mais aucun de ces faits n'a une valeur concluante quant à la détermination de l'objet.

La lame mince présente parfois sur une seule de ses faces des prolongements perpendiculaires régulièrement espacés. Là encore on a l'idée d'une cuticule épidermique végétale avec épaississements aux points d'attache des cloisons perpendiculaires à la surface. Les caractères indiqués ci-dessus et parfois aussi le prolongement insolite de quelques-uns de ces prolongements perpendiculaires à la lame principale avertit que l'attribution de ces membranes à une lame végétale est impossible.

La lame de limonite peut encore présenter des amorces perpendiculaires équidistantes sur ses deux faces figurant ainsi une cloison commune à deux files de cellules parenchymateuses. Dans ce cas, la coloration rouge brun de la cloison donne un premier avertissement. Une membrane végétale de cette sorte arrivée à ce degré d'isolement serait plutôt brun noir *et craquelée*. La rectilignité de la lame principale n'est pas ici un argument défavorable à l'interprétation comme membrane végétale. C'est une forme très ordinaire des dépôts de limonite que ces enduits à prolongements plongeant dans la masse fécale et isolant la cavité de la fissure de la matière coprolithique.

Lorsque des fissures voisines régulièrement distribuées se réunissent, leurs enduits limonitiques donnent un système alvéolaire régulier qui rappelle des tissus végétaux comme le liège, le bois secondaire. La coloration rouge brun au lieu d'être brun noir et l'absence de craquelures sont encore ici des indices qu'on peut se trouver en présence de lames de limonite. Les cloisons des alvéoles ne sont pas affaissées comme des parois végétales longtemps macérées. Le bois s'élimine assez facilement, parce que les cloisons alvéolaires n'offrent pas les ornementations des parois des fibres ligneuses. Le rejet de la notion tissu subéreux est généralement beaucoup moins aisé et ne peut se faire que par une série de remarques accidentelles. Il y a là une difficulté qui peut être insurmontable dans certains cas (¹). Je n'ai pas vu dans ces coprolithes de limonite en revêtements tubulaires donnant l'impression d'organes mycéliens. Je reviendrai plus loin sur les corps sporiformes et bactériformes.

Ces fentes à revêtement limonique se rencontrent dans toute la masse. Elles sont postérieures au dépôt de la limonite en amas. Ces derniers sont parfois coupés par ces revêtements de fissure. Par le même caractère, on constate qu'il s'est produit des revêtements de fissures après le dépôt des ballonnets de limonite.

§ 5. — La limonite en lames minces sans relations immédiates reconnues avec les fissures.

En dehors des lames de limonite nettement rattachables aux enduits de fissures, il en est d'autres, pour lesquelles ce rattachement ne peut être affirmé avec certitude. Elles sont très petites, ondulées, minces, par suite roux clair. Cette teinte est immédiatement un indice qu'on a affaire à une membrane de limonite et non à une lame cuticulaire qui serait jaune d'or. Mais l'hésitation peut être très grande et ne peut pas toujours se lever même en comparant directement la lame à apprécier avec des lames dont la nature a été bien reconnue comme limonite et comme membrane végétale. Chaque cas doit alors faire l'objet d'une analyse particulière. Comme la plupart de ces exemples ont été rapportés à la limonite et n'ont pu être rattachés nettement à des lames végétales, les plus grandes probabilités sont pour l'attribution de ces lames douteuses rousses, ou brun roux clair à des membranes de limonite.

§ 6. — La limonite en ballonnets. — Les corps sporiformes et bactériformes. — Mode d'envahissement de la limonite en ballonnets, le dépôt ferrugineux tubuleux et alvéolaire des cavernes du coprolithe.

Les coprolithes dominants contiennent ordinairement des enduits limonitiques formant ballonnets.

Le type de ces productions est présenté par l'échantillon 24 J. Ce mode de ferrification progresse de la région axiale caverneuse du coprolithe vers la surface. Souvent il laisse subsister au voisinage de la surface une zone non envahie. Lorsque l'altération du coprolithe est faible comme dans les échantillons 1 J, 5 J. (74 J 75 J), il n'y a pas de

---

(¹) Fig. 147, Pl. XII, opposée à la Fig. 144 de la même planche.

ballonnets de limonite. Lorsque l'altération du coprolithe est intense, les ballonnets envahissent tout le coprolithe. Localement une certaine zone d'un coprolithe peut avoir échappé à l'envahissement; dans les cas de grand envahissement, les ballonnets sont nombreux à membrane épaisse.

On ne peut pas rattacher immédiatement les ballonnets de limonite aux revêtements limonitiques qui tapissent les fissures. La production des ballonnets est liée à l'altération de la masse coprolithique.

Une pelote de matière fécale, formant bille ou noyau, se présente entourée d'une membrane de limonite. Le ballonnet peut être fermé et isolé. Il peut être incomplet. Il peut se rattacher à d'autres ballonnets. J'ai déjà dit qu'à l'intérieur du ballonnet la matière coprolithique est plus jaune, et que ses corps bactériformes sont plus souvent reconnaissables. Entre ballonnets la matière coprolithique plus grise, plus altérée, tend à devenir grenue.

Dans un échantillon comme 24 J où les ballonnets sont confluents, la masse coprolithique nous apparaît comme un réticulum dont les cordons noueux sont revêtus d'un vernis de limonite, la partie qui emplit les mailles étant altérée, le réticulum étant rattaché à une enveloppe externe.

La bille coprolithique enfermée dans un ballonnet peut contenir un amas de limonite spongineuse. Celle-ci peut renfermer un cristal de quartz ou se réduire à un amas de corps sporiformes.

Le diamètre des ballonnets oscille entre 12 et 60 μ.

Dans le cas de l'échantillon 24 J, la membrane de limonite qui enferme une pelote inaltérée consiste en corps sporiformes et bactériformes placés sur 1 à 3 rangs. Ces corps sont côte à côte, isolés et indépendants. Ils jalonnent la membrane qui est discontinue. Les corps sporiformes peuvent s'écarter davantage, par contre ils peuvent être rapprochés au point de se toucher; la lame de limonite devient continue, plus épaisse, ridée, et à prolongements intérieurs. La coloration de la membrane dépend de son épaisseur et de l'état des corps formateurs. Quand les lames deviennent minces la coloration rouge brun s'atténue. Lorsque l'épaisseur de la membrane tombe au-dessous de $0\mu 15$, la constatation des ballonnets devient très difficile et, comme dans le cas de l'échantillon 40 Bl, elle n'est plus indiquée que par la teinte générale plus forte que présente le massif de matière coprolithique enfermé.

La membrane limonitique des ballonnets est donc un assemblage de corpuscules élémentaires bactériformes ou sporiformes. Ce sont des corps sphériques ou ellipsoïdes isolés ou en chaînettes dont l'aspect est celui d'une très petite spore de mucédinée ou d'une grosse spore bactérienne. Les dimensions de ces corps varient de $0\mu 5$ à $1\mu 2$. Chaque corps comprend une enveloppe rouge brun en limonite, épaisse de $0\mu 15$, à double contour formant membrane. A l'intérieur est un corps bacillaire jaune ou une bulle comme celles de la pâte entourante. Il est donc très probable qu'il s'agit des corps bactériformes du coprolithe ou de leurs moulages enrobés ou vernissés par la limonite. Seulement, comme il existe des corps bactériformes très semblables à ceux-là dans la gaîne coprolithique et dans l'argile grise, et comme le rattachement immédiat de ces derniers à des corps d'origine bactérienne ne peut être fait, force est de conserver une grande réserve dans l'attribution de ces corps. Des corps bacillaires d'origine bactérienne peuvent se trouver entourés de limonite, mais il en est de même pour des bulles, ou des cristaux.

La surface des corps sporiformes est très nette. Ils sont isolés ou groupés par deux ou en chaînettes, en amas ou en hélice, tel serait le cas des chaînettes du taraudage représenté Pl. XIII, fig. 165.

Je n'ai pas à revenir sur le revêtement limonitique des trous ni sur la limonite membraneuse et alvéolaire qui les remplit, je renvoie à ce qui est dit plus haut.

§ 7. — Cette limonite ne provient pas de la transformation sur place de cristaux de pyrite antérieurement formés.

La limonite, dans les divers états que j'ai décrits, ne provient pas de la transformation sur place de grains de pyrite primitivement déposés dans la matière coprolithique. On ne voit aucun reste de pyrite lié à ces membranes de limonite. Leurs corps bactériformes ne montrent pas les figures spécifiques qui auraient logé primitivement un cristal cubique ou dodécaëdrique.

§ 8. — La pyrite de fer.

Les coprolithes contiennent une petite quantité de pyrite de fer. Cette matière y est déposée en très petits cristaux noirs cubiques et dodécaëdriques dont la taille descend à $0\mu3$. Quand la pyrite est peu abondante et très fine, sa pénétration a souligné la structure de la matière coprolithique. Quand la pyrite est plus abondante les grains noirs se touchent et confluent en étoiles, en houppes et en traînées. La structure de la pâte voisine est grenue, cristalline. Le groupement de la pyrite dans la matière coprolithique est nettement différent du groupement en pelote sphérique que la pyrite présente dans l'argile.

Quelques amas de pyrite de l'échantillon 40 Bl montrent cette matière donnant en s'altérant de la limonite. Celle-ci forme des flocons autour de la pyrite altérée mais dont la cristallinité demeure reconnaissable.

C. § 9. — Le quartz.

Tous les coprolithes examinés en lame mince contiennent des cristaux de quartz. Localement ceux-ci peuvent devenir plus nombreux.

Le quartz a été caractérisé par son aspect incolore ou bleuté, ses quatre extinctions dont certaines sont roulantes, Le contour du cristal est souvent net. Les inclusions y sont rares. Les cristaux de quartz sont isolés les uns des autres, directement en contact avec la matière coprolithique. — Ils ont exceptionnellement un mince revêtement de limonite. Ils peuvent aussi entourer un amas de limonite spongieuse ou emplir sa partie centrale. — Ces cristaux forment souvent des traînées dans la masse coprolithique.

La régularité des cristaux de quartz, leur disposition en traînées très nettes, leur développement dans un fragment de filet musculaire fm', Fig. 150, Pl. XII, écartent l'idée que ces matériaux représentent des matières sableuses ingérées avec les aliments. L'analyse chimique spécifie d'ailleurs que la quantité pondérale de cette matière est très faible.

Les dimensions moyennes de ces cristaux de quartz mesurent environ 20μ.

D. § 10. — La silice amorphe.

L'échantillon 40 Bl présente une particularité remarquable. Une partie de sa surface, contiguë à la gaîne ferrugineuse, est fortement durcie et résiste à une pointe d'acier, elle raie le verre ordinaire. Cette modification s'étend sur un arc de 280°, l'épaisseur de la zone durcie étant comprise entre 3 et 11^{mm}.

Sur les sections, la région durcie est beaucoup plus transparente. Elle contraste fortement avec la région intérieure trouble et grisaillée bien que les ballonnets de limonite qui chargent cette région, y soient particulièrement minces ([1]). Cette modification est due à une localisation de silice d'après ce qu'indique sa dureté, mais cette silice est sans action sur la lumière polarisée. Elle est constamment éteinte entre les nicols croisés aussi bien sur les sections transverses que sur les sections méridiennes.

Dans cette région durcie, la structure de la matière coprolithique est profondément altérée et plus on se rapproche du bord externe, plus elle est effacée. Dans certaines plages la structure initiale a complètement disparu comme on le voit en 3 Fig. 182, Pl. XV. Les étapes de cette disparition sont les suivantes :

1. Le fond jaune où sont plongés les corps bactériformes devient transparent homogène et comme fondu. Les corps bactériformes sont bullaires, noirs, très soulignés. Un assez grand nombre sont allongés en bâtonnets bacillaires. Les ballonnets de limonite, quand il y en a, sont très difficilement visibles.

2. Cette première modification s'accentue beaucoup. Les corps bactériformes se rapprochent en groupes, mais en restant d'abord isolés les uns des autres dans chaque groupe. Les corps rectilignes à bouts arrondis à faciès bacillaires soulignés par l'air sont bien plus nombreux. Dans cette région plus modifiée et plus voisine de la surface, la limonite forme des amas de corps sporiformes.

([1]) Leur diamètre moyen est de 30 μ.

3. Au stade 3, les corps cocciformes et bacillaires d'un même groupe se touchent. Il en résulte une arborescence noire ou incolore selon qu'elle est ou non injectée d'air ou de résine. Autour est un champ gris jaune homogène. Il y a des pelotes de limonite en grains sporiformes réduits à leur membrane et des houppes de pyrite plus ou moins altérée passant à la limonite.

4. Dans l'état de modification le plus avancé, 3 Fig. 182, Pl. XV, qui ait été rencontré l'arborescence canaliculaire est effacée, il reste une plage homogène jaune d'or bordé de gris roux dans les régions où elle encercle un reste d'arborescence.

E. § 11. — Degrés d'effacement de la structure du coprolithe qui ont été observés.

Les étapes, relevées dans l'effacement de la structure initiale du coprolithe et dans les additions faites à cette structure, sont les suivantes :

1. Apparition de la limonite en amas massifs et spongieux.

2. La zone anisotrope (contractile ?) des fibres musculaires striées cesse d'être différenciée de la zone intérieure (plasmique ?) des mêmes fibres.

3. Effacement de la striation sur les faces des fibres musculaires qui ne se distinguent plus de la pâte que par l'absence des corps bactériformes.

4. Production des membranes de limonite en ballonnets. Comme action concomitante préservation de la pelote coprolithique enfermée dans l'intérieur du ballonnet alors que la partie interposée entre les ballonnets change de teinte et devient gris roux.

5. L'action correspondante au stade 4 continuant d'agir, la fibre musculaire s'efface de plus en plus. La matière interposée entre les ballonnets devient grenue comme si elle subissait un commencement de cristallisation, la structure bactérifère de la pâte est effacée. Les corps bactériformes très difficilement visibles ne peuvent plus être distingués d'inclusions.

Au cours de ces modifications il a pu s'ajouter des cristaux de quartz et de pyrite de fer et des membranes limonitiques dans les fissures.

Lorsqu'il y a eu un durcissement local par la silice comme dans la surface de l'échantillon 40 Bl la partie ainsi durcie présente en plus et successivement les modifications que j'ai relevées page ci-dessus.

CHAPITRE VIII

L'enrobement du coprolithe dans un nodule ferrugineux. — La gaîne ferrugineuse.

SOMMAIRE

---

§ 1. — Contact direct du coprolithe et de l'argile. — L'absence de gaînes organiques autour de la pâte fécale.

Le contact de l'argile et du coprolithe peut être direct, il en est ainsi dans toute l'étendue des échantillons (74 J, 75 J), 1 J. La surface du coprolithe est alors extrêmement nette sans zone superficielle diluée et d'autre part sans zone muqueuse visible. J'ai recherché tout spécialement cette zone muqueuse. Elle existe dans tous les crottins, elle est chargée de bactéries et souvent très épaisse. On la voit s'écaillant par lambeaux sur les fécès de chiens nourris d'os rapidement séchés au soleil. Cette zone n'a pu être mise en évidence sur les coprolithes de Bernissart non plus qu'entre les masses dont ils se composent.

J'ai signalé également l'absence d'une zone superficielle saupoudrée de spores et entourée d'un feutrage de filaments myceliens comme il arrive pour les crottins qui séjournent dans l'air humide. Il n'y avait pas non plus de gaîne mucogélatineuse avec algues comme sur les crottins noyés dans une eau tranquille et éclairée.

§ 2. **La gaîne ferrugineuse.** — Elle ne représente pas une localisation élective
de l'oxyde de fer dans une gelée organique dépendante du coprolithe. —
Elle dépend de l'argile. — Migration des matériaux chimiques du
coprolithe.

Les états que je viens de rappeler sont plutôt exceptionnels et ordinairement le
coprolithe présente une gaîne ferrugineuse ([1]). Celle-ci est développée en arc sur un côté du
coprolithe. Elle peut entourer complètement le coprolithe. Son épaisseur est très variable.
En présence des faits rencontrés dans les nodules d'Hardinghen, il y avait lieu de se
demander si l'on avait affaire à une localisation élective des sels de fer s'opérant dans une
masse muqueuse dépendante du coprolithe inégalement développée comme pourrait l'être un
enduit d'urates ou une gaîne muqueuse inégalement réduite, ou encore une liquéfaction
partielle d'un côté du coprolithe. Ces diverses notions ont dû être écartées. Il n'y a pas trace
d'urates. Rien n'indique qu'il y ait eu dans cette région des cristaux ou des sphéro-cristaux
remplacés ultérieurement par de la limonite. D'autre part on ne trouve aucun des éléments
figurés du coprolithe alors qu'au contraire on trouve ceux de l'argile. La gaîne ferrugineuse
développée contre le coprolithe est donc une production qui dépend de l'argile. La présence
du coprolithe peut déterminer l'amorce du phénomène en un point de l'argile, mais il s'agit
là d'un phénomène plus général, *la production de nodules ferrugineux dans l'argile* dont
un cas particulier nous intéresse en ce moment, l'enrobement des coprolithes.

Morphologiquement une gaîne ferrugineuse est la production d'un dépôt de limonite
en grains sporiformes dans une partie d'argile raréfiée au contact du coprolithe. Morphologiquement la gaîne dépend donc exclusivement de l'argile. Chimiquement on retrouve une
partie des corps caractéristiques du coprolithe dans la gaîne, phosphates, sels de chaux,
proportion élevée d'acide titanique.

§ 3. — Structure de la gaîne ferrugineuse contre le coprolithe.
Zone pseudo-cellulaire à noyaux.

Contre le coprolithe, les coupes de la gaîne ferrugineuse montrent un dépôt de limonite
formant un réseau à mailles hexagonales ou pentagonales (Fig. 184, Pl. XV). Les
membranes limitantes sont formées de grains sporiformes de même grandeur et de même
faciès que ceux des coprolithes. Ils se touchent. La membrane est plus ou moins épaisse,
irrégulière, avec verrues faisant saillie dans la logette, et parfois une sorte d'amas nucléaire
central rattaché à la paroi par un pédoncule. D'où un faciès pseudo-cellulaire parfois très
accusé. *Ce sont les figures de retrait de MM. Stéphane Leduc, Cartaud,* etc. Ce réseau est

---

([1]) La gaîne a été plus particulièrement étudiée sur les coupes dans l'échantillon 23 R, Tr. 1 et 2.

rouge brun. Ses mailles s'élargissent en approchant du coprolithe, elles se resserrent en s'éloignant de ce corps. Même dans cette partie à structure pseudo-cellulaire, on trouve de loin en loin des grains de pollen, de très petits morceaux de lignite fragmentaire, des lamelles de mica. Ces corps font partie de l'argile et ils sont posés comme dans l'argile, seulement ils sont là très éloignés les uns des autres. Il s'agit donc d'une partie très raréfiée de l'argile ; même dans cette partie, on retrouve ses caractères essentiels. Les dimensions moyennes des mailles du réseau limonitique étaient dans ce spécimen :

$$\text{Épaisseur de la paroi} \ldots \ldots 2\mu 5$$
$$\text{Diamètre de la logette} \ldots \ldots 15\mu$$
$$\text{Diamètre du noyau} \ldots \ldots 3 \text{ à } 5\mu$$

Il y a quelques amas de pyrite en boule avec gros cristaux.

§ 4. Structure de la gaîne entre le coprolithe et l'argile normale. Zone réticulée à gros nœuds.

Plus loin du coprolithe, le dépôt de limonite change de caractère. Les mailles du réseau s'affaissent (Fig. 185, Pl. XV), les fils s'épaississent surtout à leurs points nodaux. On a alors un réseau à nœuds très épais eu égard aux mailles qui sont fréquemment occupées par des cristaux de quartz, des lames de mica. La limonite en grains sporiformes très nombreux, serrés, mais de plus en plus nettement isolés s'est accumulée sur la partie alumino-humique de l'argile. Les grains de pollen, les spores de fougères, les fragments de lignite et les parcelles de mica sont de plus en plus nombreux. J'y ai toujours trouvé des amas arrondis de pyrite en gros cristaux.

§ 5. — Structure de la gaîne contre l'argile normale. — Localisation de la limonite sporiforme dans le réseau alumino-humique de l'argile. — Le coprolithe sert d'amorce à cette localisation. — L'intensité et la prolongation du retrait sont les causes agissantes de cette accumulation locale de limonite bien plutôt que la nature de l'objet.

Plus loin encore du coprolithe, le faciès réticulé à nœuds épais va s'effaçant et on trouve l'argile chargée d'un grand nombre de corps sporiformes bullaires en limonite, Fig. 186, Pl. XV. On reconnaît le réseau brun de l'argile avec ses corps bactériformes bullaires, ses cristaux de quartz, ses lames de mica, ses fragments de lignite, ses spores et on passe plus ou moins vite à l'argile ordinaire.

La région de la gaîne ferrugineuse ne présente donc en aucun point la structure du coprolithe ou une structure qui puisse en dériver ; par contre, on voit constamment les caractères essentiels de l'argile et ceux-ci vont se raréfiant en approchant du coprolithe. Là seulement où la gaîne a son maximum d'épaisseur, la raréfaction de l'argile a provoqué contre le coprolithe les figures pseudo-cellulaires à noyaux. Donc, à une certaine période de la solidification, le retrait plus grand de la matière coprolithique a amorcé la formation de la gaîne.

Le développement de la gaîne n'est pas en proportion du volume de l'objet. On voit des gaînes épaisses autour de petits morceaux de coprolithes tels que des disques. Dans ces exemples où la matière coprolithique n'est qu'en très petite quantité, son rôle d'amorce pour le phénomène d'enveloppement du nodule est particulièrement net. Le retrait du coprolithe, entraînant mécaniquement la raréfaction de l'argile dans une certaine région, paraît être la cause amorçante de la ferrification bien plutôt que la nature de l'objet. On trouve en effet des enveloppes ferrugineuses semblables autour de galets, par exemple autour d'un galet de psammite altéré. On en trouve aussi le long de fentes de l'argile. Souvent la gaîne acquiert une très grande épaisseur autour de petits galets ou de petites fentes. C'est donc le retrait qui amorce ces accumulations locales de limonite. L'intensité et la prolongation du retrait, bien plutôt que la nature de l'objet, déterminent l'importance relative du dépôt limonitique ([1]).

([1]) La formation de gaînes ferrugineuses autour de galets divers et autour de fentes de l'argile montre que ce dépôt ne dépend pas de la richesse phosphatique particulière que l'analyse chimique a relevée dans la région de la gaîne d'enrobement des coprolithes.

CHAPITRE IX

Variantes rencontrées dans les coprolithes dominants de dimensions moyennes.

SOMMAIRE

§ 1. — Les variantes rencontrées dans les échantillons de coprolithes dominants de dimensions moyennes.

§ 2. — Les variantes rencontrées dans les échantillons dits de fort calibre.

L'injection de matière coprolithique dans les fissures de l'argile. — La lame chitineuse de l'échantillon 84 R. — La surface sableuse de 89 R. — Les surfaces sulfatées sableuses ou grenues.

---

§ 1. — Variantes rencontrées dans les échantillons de coprolithes dominants de dimensions moyennes.

Les variantes, rencontrées dans les coprolithes dominants de taille moyenne, sont extrêmement faibles. Les plus importantes ont été déjà signalées dans le recensement de ces coprolithes dans leur morphologie, dans leur structure ou dans celle de leur gaîne ferrugineuse.

Les dimensions moyennes du coprolithe dominant étant

$$DH = 27 \text{ à } 28^{mm} \; DV = 23 \text{ à } 24^{mm} \; L = 115^{mm},$$

les dimensions maxima et minima qui ont été observées dans les spécimens rassemblés autour de l'échantillon (14 R 15 R) sont :

$$\text{Dimensions maxima DH} = 32^{mm} \; DV = 30^{mm} \; L = 120^{mm}$$
$$\text{Dimensions minima DH} = 23^{mm} \; DV = 18^{mm} \; L = 110^{mm}$$

La rareté des pièces entières ne permet de fixer que très imparfaitement les valeurs maxima et minima de L. On retrouve la même pénurie de pièces entières pour les gros coprolithes, et cette pénurie contraste avec ce que l'on voit chez les petits coprolithes dominants où presque toutes les pièces sont complètes. Au delà d'une certaine taille, l'échantillon est beaucoup plus exposé à être fragmenté.

Le nombre des extrémités initiales est beaucoup plus élevé que celui des extrémités terminales. Elles sont plus fréquemment dégagées.

Quelques spécimens sont affaissés sur leur face inférieure. La série des échantillons 86 R. 31 V. montre l'accentuation de cet affaissement. Sur 31 V, l'enlèvement de la lame triangulaire fait voir que malgré cet affaissement le noyau intérieur du coprolithe est encore indiqué (Fig. 30, Pl. III).

D'autres échantillons présentent un serrement latéral qui déforme leur contour ou qui augmente leur diamètre vertical. 62 J présente une déformation qui refoule en dedans l'arc inférieur droit de sa section transverse. (14 R, 15 R.) Pl. I, Fig. 5 à 7 réalise l'accroissement du diamètre vertical par serrage.

Les cavernes intérieures deviennent particulièrement nombreuses dans l'échantillon 86 R, bien qu'il soit affaissé et écrasé, Fig. 48, Pl. IV, alors qu'elles font défaut dans (43 R, 45 V.) Fig. 49, Pl. IV. (43 R, 45 V) est aussi remarquable par sa teinte sépia, ses craquelures propres ne s'étendent pas dans l'argile entourante.

La cassure transverse de l'échantillon 13 J présente des fissures écailleuses, Fig. 45, Pl. III.

Un seul spécimen présentait un fragment osseux macroscopique, en même temps qu'une très faible ferrification (74 J, 75 J.) Fig. 80, 81, Pl. VI.

Je n'ai pas à revenir sur la présence de la lame triangulaire des sillons et des noyaux, ni sur l'opalisation d'une partie de sa surface.

Autour de ces coprolithes dominants de dimensions moyennes, l'argile a présenté quelquefois des petits grains de houille enchâssés non loin d'un fragment coprolithique, Fig. 51 et 52, Pl. IV. Échantillon (65 J. 23 V). Plus souvent des bouts de lignite ([1]). Il y a aussi des exemples de fracturation spontanée de la masse argilo-humique, telle que celle de 23 R, Fig. 12, Pl. II ([2]).

Comme spécimens de segment de cette sorte touchant l'argile par leurs deux fractures transverses, on peut citer 44 V qui est net. Pour les spécimens (45 V, 48 V), (36 J. 85 R), l'un des contacts est net, l'autre reste incertain ou seulement probable. Il n'y a que deux exemples de disques détachés dans des coprolithes de taille moyenne (55 V, 56 V) et 94 R posés à plat sur leur troncature transverse.

§ 2. — Variations rencontrées dans les échantillons dits de fort calibre.

Dans les échantillons de même forme et de même structure que le coprolithe dominant de taille moyenne mais un peu plus gros que lui, les dimensions moyennes étant

$$DH = 37.0 \qquad DV = 30.0 \qquad L = 130.0$$

([1]) Sortes d'organes pétiolaires grêles fragmentés transversalement, Fig. 22, Pl. II. Échantillon (5 V, 48 V).

([2]) Ces dislocations entre bancs inaltérés reproduisent celles du banc barré des schistes d'Autun.

les dimensions limites relevées oscillent entre

les maxima	DH = 38.0	DV = 31.0	L = 130.0
et les minima	DH = ?	DV = 28 (¹)	L = ?

La pièce type de ce groupe (21 R) offre cette particularité que le moule d'argile humique qui l'entoure a été fracturé et qu'à travers les fissures de la face inférieure, la matière coprolithique a coulé injectant les fractures, spécifiant ainsi que la matière du dépôt était déjà assez rigide pour se couper nettement, alors que la substance coprolithique était encore assez molle pour s'écouler sous pression et pénétrer dans les fissures qui s'ouvraient devant elle, Fig. 53 et 54. Pl. 4.

Les sillons du coprolithe sont particulièrement nets sur la face supérieure de l'échantillon 2 J, alors qu'ils sont totalement effacés sur sa face inférieure. Fig. 57 à 60, Pl. IV. Ce spécimen est aussi celui qui montre le mieux le mucron. — 12 J présente de même l'extrémité initiale d'un noyau intérieur trilobé, particulièrement bien dégagé et à pâte homogène à peine poreuse. — Les pièces 90 R à pâte compacte et 89 R à matière lamelleuse comme cartonnée sont les deux termes extrêmes de l'état de la matière coprolithique dans ces échantillons.

La tranche droite de l'échantillon 84 R présente, près du repère rouge que j'y ai fait marquer, une lame chitineuse longue de 3 à 4 milimètres, large de 1ᵐ5, épaisse de 0ᵐ3, qui rappelle celle de l'échantillon 65 J. C'est l'unique exemple de lame chitineuse qui ait été rencontré dans les coprolithes dominants de Bernissart. Je ne pouvais donc sacrifier quoi que ce soit de cet échantillon.

Un seul échantillon a présenté une surface chargée de sable 89 R, Fig. 29, Pl. III. L'aspect sableux ou grenu est généralement réalisé ailleurs par la sulfatation de la surface, par exemple dans le spécimen 39 J des coprolithes moyens. Dans cet exemple 39 J, le granulé dû à la patine s'étend sur la cassure même du coprolithe.

(¹) L'échantillon 21 R qui donne ce nombre est affaissé, 90 R est encore plus affaissé.

CHAPITRE X

Variantes trouvées dans les coprolithes dominants de très grande taille.

SOMMAIRE

---

§ 1. — Dimensions moyennes des très gros coprolithes.

Un troisième ensemble d'échantillons donnait comme dimensions moyennes les nombres ci-après :

$$DH_{ci} = 44.5 \quad DV_{ci} = 38.0 \quad Ex_{ci} = 0.145 \quad L = 130.0 \text{ (un échantillon 33 R)}$$
$$DH_{ct} = 40.5 \quad DV_{ct} = 34.5 \quad Ex_{ct} = 0.162$$

§ 2. — Groupement des pièces de très grande taille.
Maxima et Minima rencontrés. — Pièces de transition.

Il y avait 18 morceaux représentant 12 pièces distinctes. De ces douze pièces deux sont plus grêles que les autres, ce sont deux extrémités terminales.

Les maxima et minima trouvés ont été :

DH_{ci}	maximum = 48.0 (33 R) et (34 RJ)	minimum = 38 0 (24 R)
DH_{ct}	maximum = 40.0 (2 échant.)	minimum = 40.0 (2 échantillons)
DV_{ci}	maximum = 46.0 (33 R)	minimum = 32.0 (24 R)
DV_{ct}	maximum = 41.0 (33 R)	minimum = 32.0 (87 RN)

Six fragments raccordés en trois pièces distinctes donnent une moyenne de dimensions :

$$DH = 36.5 \qquad DV = 31.5 \qquad Ex = 0.137.$$

Aucune d'elles n'est complète, la plus longue atteint $95^{mm}0$. Ces trois pièces sont des extrémités initiales ou des segments médians. Elles indiquent un passage des très gros coprolithes aux coprolithes dits de fort calibre.

§ 3. — Pièces types de très grande taille. — Particularités morphologiques.

Les pièces qui servent à former le type des très gros coprolithes, sont l'extrémité terminale 4 J, Fig. 98 à 100, Pl. VIII, le coprolithe entier sous gaîne 33 R, Fig. 83 à 88, Pl. VII, le segment moyen 16 R, Fig. 93 à 95, Pl. VIII. La structure type de la matière est fournie par les échantillons 16 R et 64 J.

L'extrémité initiale de ces gros coprolithes est arrondie. Aucun des échantillons ne présente nettement soulignés le mucron et la lame triangulaire qui le recouvre.

L'extrémité terminale tend à s'effiler. Le coprolithe entier montre une tendance à prendre la disposition réniforme (33 R), surtout quand il est encore enfermé dans sa gaîne d'enrobement.

Un seul échantillon a été trouvé complet. Il est entouré par une gaîne d'enrobement à laquelle l'argile voisine est demeurée adhérente (33 R). Je me suis assuré de la nature et des particularités de la matière coprolithique par des fenêtres ouvertes dans la gaîne. La gaîne, argile comprise, est épaisse de 3 à 4 millimètres. Cette gaîne porte les dimensions de la pièce aux nombres suivants :

$$DH_{ei} = 56.0 \qquad DV_{ei} = 52.0 \qquad Ex_{ei} = 0.076 \qquad L = 136.0$$
$$DH_{et} = 48.0 \qquad DV_{et} = 42.0 \qquad Ex_{et} = 0.083$$

Les dimensions du coprolithe mis à nu seraient

$$DH_{ei} = 48.0 \qquad DV_{ei} = 46.0 \qquad Ex_{ei} = 0.041 \qquad L = 130.0$$
$$DH_{et} = 40.0 \qquad DV_{et} = 36.0 \qquad Ex_{et} = 0.100$$

Les très gros coprolithes présentent de forts sillons transverses (18 R, 79 R) Fig. 105, 106. Pl. VIII.

§ 4. — Structure des coprolithes de très grande taille.

La matière coprolithique est blonde, très pâle, très fine, poreuse, par conséquent très bien conservée, avec quelques gros trous de retrait. Elle a été tout spécialement étudiée sur la pièce 16 R. Elle est identique à celle de l'échantillon (74 J, 75 J) des coprolithes moyens. Ce sont les mêmes fragments de fibres musculaires broyées, en suspension dans la même pâte bactérienne.

La matière coprolithique a un aspect écailleux et comme un peu feuilleté dans les échantillons 24 R et 17 R. Elle s'altère et se charge de limonite comme dans les coprolithes moyens. L'envahissement par la limonite est parfois si complet que la matière coprolithique, en grande partie enlevée, est remplacée par une masse ferrugineuse rouge sang très foncée ou même noire (64 R, 41 Bl). Fig. 112, Pl. IX.

§ 5. — Variantes observées dans ou sur les coprolithes de grande taille. — Peau de poisson. — Morceaux de lignite. — État segmentaire de ces gros coprolithes. — Le segment planté obliquement dans l'argile grise à côté d'un morceau d'argile noire sur lequel il appuie.

Les variantes accidentelles, relevées dans les très gros coprolithes, sont les suivantes :

L'extrémité initiale 4J (Fig. 98 à 100, Pl. VIII) porte sur une face un morceau de peau de poisson osseux, *non déterminable actuellement. La peau est vue par la face interne* (¹). Cette peau est comme tendue sans rides ni plis en bas du flanc convexe de la face supérieure. On y voit quelques traces laissées par les arêtes détachées. Il s'agit donc d'un corps de poisson ayant reposé sur le côté du coprolithe (²).

Au même titre accidentel, il peut y avoir des morceaux de lignite. L'échantillon (18 R, 79 J) en présente un exemple sur sa cassure transverse oblique. C'est un petit fragment de pétiole placé presque radialement dans le voisinage de la surface. Le fragment pétiolaire mesure 1ᵐᵐ7 sur 1ᵐᵐ3. Il ne colore pas les parties voisines.

Le coprolithe 20 R (Fig. 96-97, Pl. VII) repose affaissé sur sa courbure concave. Il est criblé de grandes cassures transverses. Ses fissures propres sont distinctes de celles de l'argile voisine.

Les gros coprolithes se présentent souvent à l'état de segments ; 0,26 des échantillons ont ce caractère. Dans deux d'entre eux, 16 R et (74 R, 75 R), une troncature transverse du coprolithe bute directement contre les lits d'argile. L'axe polaire de ces deux segments est horizontal. 16 R est très nettement affaissé sur sa face inférieure, son excentricité s'élève à 0,22. L'excentricité de l'autre est au contraire une des plus faibles qui ait été relevée, 0,055. Il y a un morceau de houille posé sur la tranche verticale contre le coprolithe 16 R. Il y a plusieurs morceaux de houille fragmentaires dans la coque argileuse qui entoure (74 R, 75 R) Fig. 109 à 111, Pl. IX.

L'échantillon (25 R, 26 R) (Fig. 101 à 104, Pl. VIII), montre un segment coprolithique

---

(¹) Indication donnée par M. le conservateur L. Dollo.

(²) La possibilité de la présence accidentelle de restes de poissons dans les coprolithes moyens résulté de la constatation de dents de Pycnodontes dans un disque posé sur sa section transverse (Échantillon 55 R).

planté obliquement dans l'argile. L'axe polaire du coprolithe fait un angle de 40° avec l'horizontale de l'argile grise (Fig. 107). Il appuie à droite sur un morceau d'argile noire chargée de lignites fragmentaires dont la stratification fait un angle de 52° avec celle de l'argile grise. Le morceau d'argile noire n'est pas en stabilité hydrostatique. Le fragment du coprolithe non plus, il presse et appuie sur l'argile noire. L'argile noire est très analogue à l'argile grise, mais plus foncée, plus sableuse et plus chargée de lignites. Ces bouts de lignites sont toujours ces fragments où dominent les menus organes pétiolaires si particuliers des lits d'argile grise. Il y avait donc tout *à proximité une argile noire à lignites, antérieure à l'argile grise tombant parfois dans celle-ci, pouvant donner les petits fragments minuscules de lignite relevés dans quelques coprolithes.*

59 RB est un segment affaissé en forme de disque.

Les très gros coprolithes n'ont pas été reconnus dans les objets totalement enrobés par la limonite.

CHAPITRE XI

Variantes trouvées dans les coprolithes dominants de petite taille.

SOMMAIRE

---

§ 1. — Les groupements des coprolithes de petite taille.

La première sériation des échantillons de Bernissart, faite uniquement d'après les gros caractères macroscopiques, avait isolé un groupe assez nombreux de spécimens à taille rapidement décroissante où la forme en boudin à extrémités différenciées était souvent remplacée par une forme en rein ou en haricot. Lorsqu'on compare directement les plus petites de ces pièces aux coprolithes moyens et aux très gros coprolithes, le contraste est si fort qu'on pense de suite à la nécessité de plusieurs espèces animales pour produire les uns et les autres.

Cependant dans les petits coprolithes la matière coprolithique reste toujours finement poreuse, avec cavernes de retrait. Elle ne contient ni os, ni écailles, ni fragments végétaux. Sa teinte et son grain varient dans les mêmes limites que la teinte et le grain des coprolithes moyens. Elle a donc tous les caractères essentiels de la matière des coprolithes moyens. La variation des auteurs de ces coprolithes dans l'échelle zoologique devait donc être très limitée.

D'après leurs dimensions, les petits coprolithes formaient plusieurs groupes peu nombreux. Deux groupes indiquent des échantillons courts, trapus, rappelant de suite des coprolithes de fort calibre et des coprolithes moyens. Nous les appellerons *coprolithes de fort calibre courts, coprolithes moyens courts*. Deux autres séries de pièces, la troisième et la quatrième, indiquent deux chutes brusques des dimensions diamétrales et de la longueur. L'étendue de la variation, indiquée par ces pièces par rapport aux gros coprolithes et aux coprolithes moyens, est aussi grande que celle qu'on relève entre les crottins de nos races du chien domestique. Près de la troisième catégorie, deux groupes ont été faits avec des échantillons où la forme fondamentale du coprolithe a été modifiée par des circonstances accidentelles intervenues au moment de l'émission ou au moment du dépôt. Ce sont des *coprolithes très courts, lacrymorphes*, correspondant à de petites émissions ou à des fins d'émission et des *tortillons*, c'est-à-dire des coprolithes lacrymorphes un peu plus allongés où l'extrémité terminale est retombée sur le corps du coprolithe ou sur son extrémité initiale. Nous laissons également près de cette troisième catégorie un petit groupe d'échantillons dits *incertains*. Ce sont bien des coprolithes de la même pâte et du même calibre, mais l'état des spécimens ne permettant pas de dire s'ils sont ou non tronqués, on hésite entre des petits coprolithes du troisième groupe abîmés et des segments médians de coprolithes moyens très grêles. Viennent enfin deux derniers groupes représentés chacun par une pièce. La première de ces pièces est un petit coprolithe en haricot, couché sur le flanc, très aplati, l'autre est un très petit coprolithe lacrymorphe formant disque.

Le nombre des échantillons de petits coprolithes non raccordables entre eux est de 38. Ils indiquent au moins 35 coprolithes distincts et plus probablement 38 coprolithes.

D'après le résumé ci-dessus, il ne peut être question d'une taille moyenne pour tous ces coprolithes, mais bien d'une série de dimensions moyennes qu'on trouvera consignées dans le tableau ci-après.

TABLEAU

DIMENSIONS MOYENNES DES PETITS COPROLITHES.

	Diamètre horizontal			Diamètre vertical			Longueur
	DH_{ci}	DH_m	DH_{et}	DH_{ci}	DH_m	DH_{et}	L
Premier groupe, Coprolithe de fort calibre, court. Ech. 22 R.		30.0			24.0		72.0
Deuxième groupe, Coprolithe moyen, court. Ech. 100 RV.		27.5			25.4		64.0
Troisième groupe, Ech. 20 J. (Première chute de taille)	23.0	20.7	18.5		24.0 (1)		50.5
Lacrymorphes. Ech. (1 R. 2 R).	25.0	20.8	16.5		20.0		41.5
Tortillons. Ech. 48 J.							
Incertains. Ech.?	25.3	22.1	19.0		21.0		46.0
Quatrième groupe, Ech. 53 R. (Deuxième chute de taille)		20.8			19.0		46.0
Très petit coprolithe affaissé sur le flanc Ech. ?		13.0			4.0?		30.0

Les sillons sont rares sur ces petits coprolithes. Les rides ou traces de filage de la matière coprolithique sont encore plus rares.

§ 2. — La structure des petits coprolithes.

La structure microscopique de ces petits coprolithes a été particulièrement étudiée dans la pièce 3R qui avait été choisie dès l'origine comme type des coprolithes dominants, Fig. 50, Pl. IV. Elle est identiquement celle des coprolithes moyens. On y retrouve les mêmes fibres musculaires striées uniformément réparties dans la même pâte bactérienne. On y constate la même rareté de fragments osseux, de débris végétaux, la même absence d'écailles. Il y a donc identité d'alimentation, de broyage et de digestion. On y voit aussi les mêmes modes d'altération, la même surcharge tardive de la matière coprolithique par la limonite et par la pyrite. Nous pouvons donc différencier ces petits coprolithes entre eux, en nous servant des caractères macroscopiques employés pour juger des qualités spéciales des divers échantillons de coprolithes moyens, c'est-à-dire que l'écart zoologique possible entre les animaux producteurs de ces coprolithes est nul ou singulièrement restreint.

Les variantes constatées dans ces petits coprolithes se résument comme il suit :

§ 3. — Caractères des petits coprolithes du premier groupe.
Pièces courtes de fort calibre.

Coprolithes de fort calibre particulièrement courts. Une seule pièce 22R, Fig. 113, Pl. IX. Proportion de ce type par rapport à l'ensemble des petits coprolithes dominants : 0,028 à 0,026.

Dimensions moyennes sans la gaîne $DH_m = 30.0$ $DV_m = 24.0$ $L = 72.0$.

Ce coprolithe est complètement entouré par une gaîne ferrugineuse de 2 à 3^{mm} d'épaisseur. L'excentricité du coprolithe est très forte 0,210. Elle indique un fort affaissement sur le flanc inférieur. L'ensemble de ce coprolithe sous sa gaîne a la forme d'un haricot.

§ 4. — Caractères des petits coprolithes du second groupe.
Coprolithes moyens courts.

Les coprolithes moyens très courts sont représentés par six pièces entières dont deux 100RV, Fig. 190 et 191, Pl. XV, et 100RVbis *viennent du bloc où a été trouvé l'Iguanodon 1 Z.* Ils sont complètement dégagés. La forme arrondie de l'extrémité initiale et la pointe courte de l'extrémité terminale sont très accusées, la courbure concave de la petite génératrice latérale est faible ou nulle. Elle peut même devenir convexe vers l'extérieur comme dans l'échantillon (12R. 13R), Fig. 114 et 115, Pl. IX, ce qui change la configuration du coprolithe en lui donnant une forme droite et trapue. C'est à ce groupe qu'appartient l'échantillon 3R, Fig. 50, Pl. IV, dont la structure microscopique a été spécialement étudiée et reconnue identique à celle du coprolithe moyen.

Les dimensions moyennes de ces coprolithes sont :

$$DH_m = 27.5 \qquad DV = 25.4 \qquad L. = 64.0.$$

Il y a 9 morceaux représentant au moins 7 pièces distinctes et probablement 9 pièces. La proportion de ces coprolithes moyens courts par rapport à l'ensemble des petits coprolithes est comprise entre 0.252 et 0.182.

L'une des pièces entières 5J se présente contournée et ramassée sur elle-même comme si elle avait essayé de donner un tortillon.

§ 5. — Caractères des coprolithes de la troisième catégorie. — Les pièces à attribution incertaine. — Les coprolithes lacrymorphes. — Les tortillons.

Les coprolithes du troisième groupe sont représentés par deux échantillons complets, l'un est brisé en trois morceaux, l'autre a été serré latéralement, d'où un diamètre vertical exagéré. La matière coprolithique est celle du coprolithe moyen faiblement ferrifiée, finement poreuse, tendant à devenir grenue, brun clair.

$$\text{Dimensions} : DH_m = 20.7 \qquad DV_m = 20.0 \qquad L = 50.5.$$

Il y a donc une chute brusque très sensible des dimensions diamétrales et de la longueur.

Proportion relative de ce groupe : 0.056 et 0,052.

C'est peut-être à ce troisième groupe qu'il faudrait rapporter les quatre pièces dont l'ensemble forme le groupe dit des *coprolithes incertains*. Ils sont formés de la même matière coprolithique que les coprolithes moyens et que les petits coprolithes du troisième groupe, seulement l'état des pièces ne permet pas de savoir si ce sont des pièces complètes ou si ce sont de grands segments médians de coprolithes moyens grêles rompus. La proportion de ces pièces incertaines par rapport à la totalité des petits échantillons oscille entre 0.112 et 0.104. L'ensemble de ces pièces incertaines donnerait comme dimensions moyennes des petits coprolithes :

$$DH_m = 22.1 \, (^1) \qquad DV_m = 21.0 \qquad L = 41.0.$$

(¹) $DH_{ci} = 25.3$ $DH_{ct} = 19\,0.$

C'est dans ce troisième groupe qu'il faut placer les *coprolithes lacrymorphes*. Ce sont des crottins très brusquement amincis eu égard à leur longueur. Ils ont pour type l'échantillon (1 R. 2 R), Fig. 116 et 117, Pl. IX. Ils correspondent à de brèves émissions. Je dis brèves émissions de préférence à fin d'émission, parce que leur extrémité initiale bien arrondie ne diffère pas de l'extrémité initiale d'un coprolithe moyen complet. Le cylindre fécal commençait donc à prendre sa forme habituelle. L'amincissement brusque, eu égard à la longueur, lui donne la forme de larme. Ils paraissent assez mous, déprimés sur le flanc. La matière coprolithique est celle des coprolithes moyens.

Les dimensions sont :

$$DH_{ei} = 25.3 \qquad DV_{ei} = 20.8 \qquad DH_{et} = 16.5 \qquad DV_{et} = 20.0 \qquad L = 41.5.$$

Il y a 5 coprolithes lacrymorphes ; presque tous sont encore très fortement engagés dans l'argile et revêtus d'une gaîne d'enrobement. La proportion de ces coprolithes oscille entre 0.140 et 0.130.

Sous le nom de *tortillons*, je désigne des coprolithes lacrymorphes un peu plus allongés dans lesquels la pointe terminale est venue retomber sur le corps du crottin ou sur son extrémité initiale. Les courbures concave et convexe sont particulièrement fortes. Ils sont formés de la même matière coprolithique que les coprolithes lacrymorphes et les coprolithes moyens. Les pièces types sont 48 J et 49 R, Fig. 118 à 120. Il y a quatre tortillons dont un fait disque, c'est-à-dire qu'ils forment une proportion de 0.112 à 0.104.

§ 6. — Les disques.

J'ai eu occasion de signaler dans les coprolithes moyens et dans les gros coprolithes la présence de tronçons butant directement contre les lits d'argile par leur troncature transverse. Certains tronçons très courts sont à l'état de disques. Ils proviennent tous de coprolithes moyens, grêles ou très grêles. On les a trouvés dans leur position d'équilibre hydrostatique, c'est-à-dire couchés sur le flanc quand ils sont un peu plus longs que larges, ou bien posés sur leur troncature transverse, lorsque leur longueur était inférieure à leur diamètre.

Le nombre de ces disques est peu élevé. Comme ils tendent à s'entourer d'une gaîne d'enrobement épaisse, il se pourrait qu'il y eût quelques disques minces dans les nodules ferrugineux à matière coprolithique qui ne sont que partiellement ouverts.

Le type des tronçons courts, *posés sur le flanc*, est l'échantillon (6 R, 7 R), Fig. 63 à 66, Pl. IV. C'est une petite portion de segment qui mesure

$$DH = 18.0 \qquad DV = 11? \qquad L = 24.$$

Il est donc plus long que large et par suite posé en stabilité. C'est un coprolithe très grêle. Il bute contre les lits horizontaux de l'argile par deux cassures transverses. Il est entouré d'une gaîne ferrugineuse épaisse de 3.0 à 5^{mm}.0. La tranche verticale de l'argile spécifie que, dans l'épaisseur de 62^{mm}.0 qui enferme le coprolithe, il y a eu deux périodes de recrudescence de troubles, suivies de périodes de calme absolu laissant se déposer l'argile brun foncé à coupure savonneuse. *Chaque période de trouble est arrivée brusquement, mais sans raviner en ce point l'argile brune déjà déposée.*

Cet exemple montre la structure propre de la matière coprolithique s'arrêtant aux deux troncatures et orientée autour de l'axe de figure de l'objet.

Il a été trouvé 3 de ces disques couchés sur le flanc. Les deux autres viennent de coprolithes moyens mesurant

44 R.	DH = 25.0	DV = 26.0	L = 40.0
85 R. 36 J	DH = 28.0	DV = 26.0	L = 37.0

Les dimensions sont données sans la gaîne d'enrobement.

Les disques posés sur la tranche ont pour type (56V, 55V). Fig. 67 à 70, Pl. IV.

L'échantillon (56V 55V) présente un disque épais d'environ 12 à 15^{mm}.0, posant sur les couches d'argile par deux troncatures transverses, Ses diamètres sont maximum 21^{mm}.0, minimum 17^{mm}.0, sa matière gris pâle est très caverneuse sans ferrification intérieure. Elle ressemble d'une façon surprenante à la matière fécale d'un crottin d'Otarie très rapidement séché, mais sans écailles ni arêtes. Une gaîne ferrugineuse entoure complètement l'objet. Cet exemple spécifie très nettement que la structure spéciale de la matière coprolithique s'arrête aux deux troncatures et qu'elle est ici orientée autour de l'axe vertical de l'objet. L'argile n'a pas pénétré dans les craquelures de l'objet, celles-ci sont postérieures à la consolidation de l'argile.

Il y a 4 de ces disques posés sur la tranche.

Le disque (45 R. 48 R), Fig. 71 à 73, Pl. IV, est très mince, 2 à 3 millimètres de longueur et très grêle, Diamètre maximum = 15.0. Diamètre minimum 13.0. Très ferrifié, il présente de grandes écailles de limonite qui imitent une lame chitineuse.

Le disque 15 R. Fig. 74 à 79, Pl. VI, est également un très petit disque venant d'un coprolithe moyen. La matière coprolithique est inaltérée. Elle contient un morceau de mâchoire de Pycnodonte avec dents placées côte à côte, dans leurs positions relatives. Il n'y a pas d'écailles à côté ou broyées dans la masse. Les Fig. 74 à 79, Pl. VI, montrent la section transverse (horizontale) de ce disque, vue par une fenêtre ouverte dans l'échantillon.

Quelques extrémités affaissées, des tortillons et des coprolithes lacrymorphes tendent

---

(1) Près de ces spécimens, je laisse encore l'échantillon (48V, 5V), tronçon plus long qui bute au moins d'un côté contre l'argile et le petit segment très grêle (93 R, 37V), dont les diamètres sont respectivement DH = 16^{mm} et DV = 11^{my}.

à former des disques. Je les ai signalés dans leurs chapitres respectifs. 95 R, Fig. 82, Pl. VI, est une extrémité de coprolithe moyen enroulée en tortillon et formant disque.

Les disques sont peu nombreux. Il en reste peut-être quelques-uns dans les nodules ferrugineux à contenu coprolithique partiellement ouverts, dont on ne peut apprécier exactement la configuration et que pour cette raison on a laissé dans les nodules ferrugineux à centre coprolithique.

Les disques coprolithiques ajoutent une indication précise sur les conditions de dépôt, je la relève en passant. Le crottin, brisé transversalement en tronçons, a été amené sur le fond sans roulage et sans clapotis, ce qui aurait suffi à altérer la fraîcheur de ses tranches. Il est toujours posé sur le fond en équilibre hydrostatique, c'est-à-dire qu'il est arrivé doucement et lentement sur le fond argilo-humique.

§ 7. — Caractères des petits coprolithes du quatrième groupe. Petits coprolithes en haricot.

Les coprolithes du quatrième groupe paraissent au premier abord très nettement différenciés par leur petite taille, par leur forme en haricot, très peu déprimée, à pointe terminale complètement émoussée. Ce sont surtout les plus petites pièces qui donnent cette impression. Le diamètre horizontal y tombe à 18.0, le diamètre vertical à 17.0. Les dimensions moyennes diffèrent cependant peu de celles du troisième groupe

$$DH_m = 20.8 \qquad DV_m = 19.0 \qquad L = 46.0.$$

L'effilement du côté de la pointe est nul ou très faible. L'échantillon type est 53 R (Fig. 121 et 122, Pl. IX) qui est presque totalement dégagé. Ce petit coprolithe se montre avec une double courbure sur 78 R. La pâte a pu être observée sur 53 R et sur 4 R. C'est la même pâte que le coprolithe moyen. Elle est poreuse, très fine, sans écailles, ni os, ni débris végétaux, moyennement ferrifiée, sans cavernes.

Le degré de fréquence de ce type est compris entre 0.224 et 0.182.

La structure si particulière de la matière coprolithique m'impose de rapporter les petits coprolithes au même type zoologique que les coprolithes moyens. Ils dénotent des variations de taille étendues, puisque le rapport des dimensions homologues donne

Coprolithes moyens	27.0 à 28.0	23.0 à 24.0	115.0
Petits coprolithes du quatrième groupe	20.8	19.0	46.0

Ce quatrième groupe semble être la limite inférieure qui a été rencontrée communément. La pièce 8 R 72 R signalée au § 8, indique pourtant que cette limite inférieure pouvait être encore plus fortement abaissée.

§ 8. — Le plus petit coprolithe dominant observé.

La pièce (8R 72R) forme à elle seule un cinquième groupe. C'est un petit coprolithe en forme de haricot dont le petit méridien horizontal est rectiligne. Il est très affaissé sur le flanc. Son extrémité terminale, un peu plus mince, est arrondie. Ses dimensions sont :

$$DH_m = 13.0 \qquad DV = 4.0? \qquad L = 30.$$

Il y a donc une chute de dimensions considérables entre les groupes trois et quatre et le cinquième groupe. La matière coprolithique est encore semblable à celle du coprolithe moyen, mais très chargée de pyrite.

La pièce 61J montre un tout petit lacrymorphe, très affaissé, formant disque. Le diamètre du disque est 20.0, son épaisseur est très petite, 2 à 3 millimètres. La matière de 61J est encore la même que celle du coprolithe moyen. 61J ne peut être rapporté au même type secondaire que (8R 72R).

CHAPITRE XII

Habitudes biologiques indiquées par les coprolithes dominants de Bernissart. — Indications
qui en découlent pour l'attribution zoologique de ces restes.

SOMMAIRE

A. — HABITUDES BIOLOGIQUES DE L'ANIMAL DE BERNISSART

§ 1. — L'animal producteur des coprolithes dominants de Bernissart est un mangeur de chair
musculaire. — Son régime est exclusif et très régulier.

§ 2. — La chair mangée est cisaillée au moins au même degré que la nourriture d'un phoque
actuel.

§ 3. — L'animal écartait de sa nourriture les écailles et les os. — Il épluchait sa nourriture ou la
choisissait avec soin.

§ 4. — L'animal de Bernissart ne mangeait ni les poissons osseux, ni les petits reptiles. —
Il consommait des masses musculaires plus volumineuses.

§ 5. — Il ne laissait pas traîner sa nourriture sur le sol en la mangeant.

§ 6. — L'émission des crottins était chez lui très indépendante de l'émission des masses
urinaires. — Le crottin était émis sec, consistant et peu déformable.

§ 7. — L'animal était d'une certaine taille, au moins aussi gros qu'un chien. — Il était représenté
par des individus de taille inégale.

B. — INDICATIONS QUI DÉCOULENT DE CES HABITUDES BIOLOGIQUES POUR L'ATTRIBUTION
ZOOLOGIQUE DE CES ÊTRES

§ 8. — Il faut exclure les herbivores. — Conséquences.

§ 9. — Il faut exclure les animaux carnassiers à dents écartées. — Conséquences.

§ 10. — Conséquences qui résultent du fait que l'animal épluchait sa nourriture en la mangeant. —
Ces indications conduisent à un Dinosaurien.

§ 11. — Ne pouvant prouver directement que les Iguanodons ont été ces carnassiers, il faut
conclure actuellement que les restes squelettiques du Dinosaurien, auteur des coprolithes
dominants, n'ont pas été retrouvés.

A. — HABITUDES BIOLOGIQUES DE L'ANIMAL DE BERNISSART.

§ 1. — L'animal producteur des coprolithes dominants de Bernissart est un mangeur de chair musculaire. — Son régime est régulier et exclusif.

L'animal producteur des coprolithes de Bernissart est un mangeur de chair musculaire dont le régime était exclusif et très régulier. — Le régime carnassier est établi sur des caractères directs : la présence de fibres musculaires striées, nombreuses, uniformément réparties dans la masse et la présence de menues parcelles osseuses dans les coprolithes. Elle est contrôlée par cet autre fait : il n'y a pas de restes végétaux. Ce fait n'est pas dû à une disparition des corps végétaux, mais bien à leur absence, car, quand une parcelle végétale a été englobée accidentellement dans les aliments, elle se retrouve avec ses caractères propres dans les coprolithes. — La régularité du régime est prouvée par la constance et l'abondance des débris musculaires rencontrés, à l'exclusion de tous les autres, dans les coprolithes de tailles les plus différentes.

§ 2. — La chair mangée est cisaillée au moins au même degré que la nourriture d'un phoque actuel.

Le degré de mastication des fibres musculaires est spécifié par la grandeur des fragments de fibres. Les morceaux de fibres musculaires des coprolithes de Bernissart sont plus petits que les fragments de fibres musculaires de Hareng consommées par des Otaries et surtout ils sont plus réguliers. La séparation des fibres musculaires d'un même faisceau est complète, elles sont ordinairement isolées les unes des autres.

§ 3. — L'animal écartait de sa nourriture les écailles et les os. — Il épluchait sa nourriture.

L'animal de Bernissart écartait de sa nourriture les écailles et les os. Il épluchait sa nourriture ou il la choisissait avec un soin extrême. — L'absence des écailles est totale. On ne trouve jamais d'écailles dans les coprolithes dominants. Cette disparition n'est pas le résultat d'un broyage parfait, le sable produit par la trituration parfaite des écailles se trouverait réparti dans toute la masse. Comme les morceaux d'écailles résistent à l'action des sucs digestifs, l'animal ne trouvait donc pas d'écailles dans ses aliments ou bien il savait les éviter. — L'absence des os est moins complète. On a observé quelques rares fragments macroscopiques, tandis que l'un indique pour l'être mangé une mâchoire de poisson, l'autre spécifie un os de reptile, ou un tendon ossifié, et probablement un débris d'Iguanodon. Les fragments osseux microscopiques sont peu nombreux, très petits. Ils indiquent bien plutôt une ingestion accidentelle que le broyage très fin qui eut réparti l'os dans toute la masse. Les os ne sont donc pas ordinairement absorbés. Après avoir subi l'action des sucs digestifs et la fossilisation, ils agissent encore sur la lumière polarisée à la manière des os frais. Ces parcelles osseuses sont infiniment plus petites que le sable osseux provenant des arêtes de Hareng mangé par les Otaries.

Les canalicules osseux n'étant pas corrodés, les sucs digestifs de l'animal de Bernissart sont moins acides que ceux des Canidées quaternaires.

§ 4. — L'animal de Bernissart ne mangeait ni les poissons osseux ni les petits reptiles. — Il consommait des masses musculaires plus volumineuses.

L'animal de Bernissart ne consommait pas pour son alimentation les poissons osseux de ce gisement qui nous sont connus, car tous ont de nombreuses écailles et de nombreuses arêtes qui en rendent l'épluchage impossible. L'absence d'os écarte de même les petits reptiles, la salamandre, les crustacés, car l'unique lamelle chitineuse rencontrée spécifie par sa rareté même son caractère accidentel. Il ne reste donc que les gros poissons ganoïdes, à la condition toutefois que leur peau fut enlevée, les Crocodiliens et les Iguanodons. Le coprolithe ayant un volume notable, l'animal de Bernissart devait employer pour son alimentation des masses musculaires d'un certain volume.

§ 5. — Il ne laissait pas traîner sa nourriture sur le sol en la mangeant.

L'absence de sable et l'absence presque complète de débris végétaux dans les coprolithes impliquent que l'animal ne laissait pas traîner sa nourriture sur le sol en l'avalant ([1]).

§ 6. — L'émission des crottins était très indépendante de l'émission des masses urinaires.

Chez l'animal de Bernissart, l'émission des crottins était très distincte de l'émission des produits urinaires, car on ne voit rien qui rappelle ces produits, pas même un vide correspondant à leur disparition totale. Il n'a été trouvé aucune trace d'urates dans les nombreux échantillons étudiés. Ils n'entouraient pas le crottin et ne l'accompagnaient pas à chaque émission. Le crottin était émis très consistant, peu déformable, très sec. Cette consistance est établie par l'absence de déformation, par les ruptures transverses produisant des disques, libérant des extrémités. La sécheresse relative est établie par l'absence de revêtement poussiéreux, sableux ou végétal.

([1]) Les crottins des crocodiles du Jardin Zoologique d'Anvers montrent la sciure de bois et les poils des félins des cages voisines que le vent apporte dans leur box.

§ 7. — L'animal était au moins aussi gros qu'un gros chien. — Il a été représenté à Bernissart par des individus de tailles différentes.

Le volume du coprolithe implique un animal d'une certaine taille, au moins aussi volumineux qu'un très gros chien, et probablement notamment plus gros puisqu'il s'agit de reptiles. Il y avait des animaux de tailles variables, certains pouvant même devenir petits. L'animal de Bernissart pullulait ou était relativement nombreux dans la région du célèbre gisement.

B. — INDICATIONS QUI DÉCOULENT DE CES HABITUDES BIOLOGIQUES POUR L'ATTRIBUTION ZOOLOGIQUE DE CES RESTES COPROLITHIQUES

§ 8. — Il faut exclure les herbivores. — Conséquences.

Le régime alimentaire de l'animal de Bernissart étant reconnu comme carnassier, il faut exclure les herbivores. Cette condition exclut les Iguanodons si l'alimentation de ces animaux a bien été celle que l'usure de leurs dents semble indiquer, celle qui a été admise par les zoologistes depuis Cuvier. La taille des coprolithes de Bernissart est petite pour être celle des fécès attribuables à ces grands animaux, surtout si on admet qu'ils ont été herbivores. Les coprolithes des Ichthyosaures qui sont des ichtyophages, sont déjà beaucoup plus volumineux que ceux qui ont été trouvés à Bernissart.

§ 9. — Il faut exclure les animaux à dents écartées. — Conséquences.

Il faut exclure également tous les animaux à dents écartées et tous ceux qui mangent gloutonnement. Cela résulte du fait qu'il n'y a ni écailles ni os. Ces derniers n'y sont qu'en très faible quantité et représentés par des parcelles minuscules. *Goniopholis* et *Bernissartia* sont donc écartés, à plus forte raison en est-il de même pour tous les autres reptiles, pour les batraciens et pour les poissons de la faune de Bernissart.

L'état broyé des fibres musculaires trouvées dans les coprolithes impose à l'animal de Bernissart des dents mâchantes, rapprochées les unes des autres, avec un degré de serrage équivalent ou supérieur à celui de nos phoques. Cette caractéristique limite l'attribution zoologique de ces restes à un reptile qui, d'après la faune connue de cette époque, ne peut être qu'un Dinosaurien.

§ 10. — Conséquences résultant du fait que l'animal épluchait sa nourriture en la mangeant.

De même, pour ne pas laisser traîner sa nourriture sur le sol pendant qu'il la mange et pour l'éplucher, l'animal de Bernissart devait posséder une grande mobilité relative des membres antérieurs et du cou. L'animal devait se dresser pour avoir la libre disposition de ses membres antérieurs comme organes rétenteurs, ou bien, dans le cas contraire, le cou était particulièrement long ou mobile. D'après ce que l'on connaît des pattes antérieures des reptiles secondaires, l'animal de Bernissart ne pouvait éplucher sa nourriture qu'avec la partie antérieure de sa bouche. Ces deux ordres d'indications spécifient *Reptile Dinosaurien*. Chez ces êtres, en effet, la station bipède qui libère les membres antérieurs est fréquente. Quelques-uns ont une différenciation nettement accusée entre les pièces dentaires, bec ou incisives du devant de la bouche et les dents maxillaires, les premières étant préhensives, les autres formant une bande serrée vers le fond de la bouche.

§ 11. — Ne pouvant conclure directement que les Iguanodons ont été ces carnassiers, il faut conclure actuellement que les restes squelettiques du Dinosaurien, auteur des coprolithes dominants de Bernissart, n'ont pas été retrouvés.

Les seuls Dinosauriens abondamment représentés à Bernissart sont les Iguanodons. On serait donc ramené à la première attribution zoologique qui a été proposée, mais alors le régime alimentaire des Iguanodons aurait été autre que celui qui leur a été attribué d'après l'usure de leurs dents. Nous n'avons pas d'éléments directs pour établir que les Iguanodons ont été carnassiers. Il n'a pas été trouvé dans leurs nombreuses carcasses de fécès qui leur soit attribuable et qui corresponde aux coprolithes dominants. M. Dollo ne connaît pas à l'époque de Bernissart d'autre Dinosaurien répondant aux particularités que j'ai spécifiées. La seule indication qu'il ait recueillie dans ce sens est la découverte d'une phalange de Mégalosaure. Il faut donc s'arrêter à ce résultat :

Les coprolithes de Bernissart proviennent d'un reptile dinosaurien, carnassier, se dressant, à col mobile ou très long, à région dentaire antérieure préhensive, à région dentaire postérieure mâchante serrée. Consommant exclusivement de grandes masses musculaires, il s'alimentait bien plutôt de cadavres de reptiles à peau nue que de proies vivantes.

CHAPITRE XIII

Conditions dans lesquelles les coprolithes ont été déposés et fossilisés.

SOMMAIRE

§ 1. — Il s'agit de crottins complets rejetés hors du corps.
§ 2. — État de ces crottins lorsqu'ils ont été abandonnés.
§ 3. — Ils ont été abandonnés sur un sol sec.
§ 4. — Leur reprise par l'eau. — Ils ont généralement subi un court flottage.
§ 5. — Qualités spéciales de l'eau réceptrice.
§ 6. — Qualités spéciales du dépôt récepteur.
§ 7. — Talus houillers et argileux à proximité de l'eau réceptrice.
§ 8. — Résumé de quelques expériences sur la destruction de divers types de crottins.

---

§ 1. — Il s'agit de crottins complets rejetés hors du corps.

Les fécès fossilisées qui sont devenues les coprolithes dominants de Bernissart sont des crottins complets rejetés hors du corps de l'animal qui les a produits. Ce fait est établi par la constance de leur forme. Contrairement à ce qui a lieu pour les fécès encore enfermées dans l'intestin grêle et même dans le début du gros intestin, cette forme est solide, achevée. Il y a même une opposition très nette entre les deux extrémités, la terminale étant amincie par son passage à travers la filière anale. De plus, ces objets ont été rencontrés dans l'argile en dehors des squelettes et il n'en a pas été trouvé dans les squelettes mêmes.

§ 2. — État de ces crottins lorsqu'ils ont été abandonnés.

Ces crottins ont été émis très consistants, au moins aussi consistants que ceux d'un chien et avec une puissance adhésive intérieure plus grande. En effet, même après un séjour sous l'eau et un enfouissement dans une argile qui s'est contractée en se solidifiant, la section transverse du crottin reste presque circulaire, ou seulement déprimée sur sa génératrice inférieure. L'objet n'est généralement pas tronçonné en segments. On verra un peu plus bas pourquoi j'ajoute que ces crottins ont été émis très secs.

La rareté des coprolithes moyens entiers n'autorise pas à dire que le crottin a été brisé ou décomposé en segments pendant l'émission ni par le fait de sa chute sur le sol. Les pièces sont incomplètes parce qu'elles sont brisées accidentellement (¹). Elles ont été recueillies sur le terris déjà ouvertes, incomplètes. Les ruptures correspondantes aux sillons des segments, et les cassures transverses se reconnaissent nettement. Elles sont rares. Des ruptures étaient donc possibles. Elles n'étaient pas habituelles. La hauteur de chute du crottin était faible, car il n'y a pas à sa surface, ou du côté de son extrémité initiale, de facette déprimée nettement marquée, comme il arrive lorsque la hauteur de chute est relativement grande.

§ 3. — Ils ont été abandonnés sur un sol sec.

Comme faits très favorables à la possibilité d'une émission directe des crottins dans l'eau, on doit remarquer que ces crottins n'ont que bien rarement des parcelles végétales ou sableuses collées sur leur face inférieure. Ils ne sont donc pas tombés sur un sol poudreux ou couvert de végétation lorsqu'ils ont été émis. Ils n'ont pas non plus roulé sur le sol lorsqu'ils étaient frais ou réhumectés par les pluies, ou atteints par la crue des eaux voisines. Ils ne sont pas couverts d'éclaboussures terreuses comme celles que la pluie provoque sur les sols facilement meubles (²). Les crottins directement émis dans l'eau présentent bien toutes ces particularités des échantillons de Bernissart. Il en est de même de l'absence de traces de coprophages.

D'autre part, cette émission directe des crottins dans l'eau s'accorde mal avec les faits suivants :

1. Le crottin n'est pas amolli. Son attitude est moins affaissée que celle d'un crottin de phoque émis dans l'eau et posé sur le fond d'un bassin. Elle est moins affaissée que celle d'un crottin de chien émis très sec mais placé, immédiatement après son émission, dans l'eau lorsque ce crottin se pose sur le fond, surtout quand il a dû subir un flottage de quelques heures avant de descendre sur le fond.

2. Les fines rides de la surface du coprolithe sont plutôt celles d'un crottin de carnassier qui a été séché à l'air. Je n'ai pourtant pas vu sur les coprolithes dominants de ces fines cassures transverses qui brisent même la couche muqueuse, comme il s'en fait sur les crottins des crocodiles exposés à l'air et au soleil sur une plaque de schiste houiller.

3. Les faces naturelles de troncature, et plus encore les cassures transverses, directement en contact avec l'argile, se montrent comme ayant été solides lors de l'enfouissement et non comme amollies, plus ou moins diluées.

4. Le crottin ne s'est pas montré entouré superficiellement ni envahi intérieurement

___

(¹) Très probablement par la fracturation générale de la masse argileuse.

(²) Une pluie fine peut enlever les éclaboussures terreuses projetées par une pluie battante. — Un brise-pluie évite même ces éclaboussures. (Voir les expériences rapportées, p. 115.)

par une population d'infusoires et de bactéries où les formes mobiles allongées et spirillaires sont abondantes.

5. Des corps, très altérables comme les fragments de fibres musculaires, se retrouvent dans tous les échantillons dont l'altération concomitante au dépôt tardif de limonite n'est pas trop avancée ([1]).

6. Un segment de gros crottin, un peu lourd, a été trouvé enchâssé obliquement dans l'argile humique, appuyant sur un morceau assez volumineux d'argile noire à lignites planté dans une attitude analogue.

7. On peut peut-être ajouter qu'on ne connaît pas jusqu'ici de Dinosaurien présentant les caractères reconnus ou signalés chez le carnassier de Bernissart et en même temps nageur. Ce dernier fait n'est, il est vrai, qu'un argument d'ignorance.

Les caractères 1 à 6 sont ceux des crottins abandonnés sur la terre ferme, séchable, résistante même. L'argument d'ignorance indirect n° 7 est également favorable à un séjour normal des crottins sur le sol émergé ([2]).

§ 4. — Leur reprise par l'eau. — Ils ont généralement subi un court flottage.

Mais même abandonnés sur la terre ferme, ces crottins ont été dans une station facilement envahie par l'eau où celle-ci les a repris. J'ai montré qu'ils n'ont pas été roulés sur le sol. Le crottin n'est pas sur la terre ferme séchable où il a été déposé. On ne trouve pas, en effet, sous le crottin le pédicelle terreux qui s'établit sous ces corps lorsqu'ils sont exposés à l'action des agents atmosphériques sur la terre nue séchable. J'ai montré d'autre part qu'ils ont été généralement flottés et déposés sans violence sur le fond parce qu'ils y sont ordinairement en stabilité hydrostatique quelle que soit leur forme, que l'objet soit entier, que ce soit un segment allongé ou un disque, ou encore un tortillon. Dans le même sens la face inférieure est un peu déprimée, les rides y sont effacées. Le crottin a appuyé légèrement sur cette face.

Le flottage n'a certainement pas été long, sitôt réimbibé le crottin est descendu doucement vers le fond. L'objet et ses cassures ne sont pas amollies, l'argile bute directement contre le crottin. Les cassures plus tardives faites sur l'objet amolli présentent de l'argile raréfiée localement près du point de rupture.

([1]) Les crottins de phoque récemment arrivés sur le fond d'un bassin présentent bien des fragments de fibres musculaires, mais ces organites y disparaissent dans un espace de temps de 4 à 20 jours selon la température.

([2]) Je ne cite pas comme argument favorable à ce séjour sur le sol émergé l'absence de gaîne muqueuse, car elle est souvent très difficile à mettre en évidence. Nombre d'exemples de coprolithes d'*Actinodon* et d'animaux analogues paraissent dépourvus de leur gaîne muqueuse superficielle, alors que des matières muqueuses sont très visibles entre les masses alimentaires.

15. — 1903.

§ 5. — Qualités spéciales de l'eau réceptrice.

Les eaux réceptrices de ces crottins ont été extrêmement tranquilles dans le bassin où elles les ont abandonnés. Il s'agit d'eaux brunes perdant la matière humique et l'argile colloïdale dont elle était chargée. Le dépôt brun qu'elles abandonnaient est en effet un dépôt alumino-humique amorphe qui tend à être très pur et qui est arrivé parfois à être *une argile humique* ([1]) et presque *un charbon humique* ([2]). Il y a manqué toutefois pour cette dernière transformation l'imprégnation par des matières bitumineuses l'enrichissant en carbone.

Cette eau était chargée de menues parcelles végétales fragmentaires dont certaines étaient déjà humifiées. Il s'y ajoutait des spores, des grains de pollen, des cuticules. Cette eau recevait de temps à autre une certaine quantité de troubles consistant en argile colloïdale, en fines paillettes micacées et en débris végétaux et même en très petites parcelles sableuses. A une nappe riche en matière humique succédait une bande chargée de matière minérale, de parcelles micacées, puis le dépôt s'épurait en matière minérale et redevenait un lit d'argile brune ; le phénomène recommençait lorsque de nouveaux troubles arrivaient assez brusquement. Chaque ondée a marqué ainsi sa trace dans le dépôt. Parfois les troubles arrivaient progressivement, au lieu d'arriver brusquement.

§ 6. — Qualités spéciales du dépôt récepteur.

Le dépôt produit dans les eaux, où venaient se noyer les crottins du carnassier de Bernissart, a présenté des caractères extrêmement spéciaux. C'est une matière humique plus ou moins chargée d'argile colloïdale. Elle a formé coagulum à la manière des gelées gélosiques très claires à 0.001 ou 0.002, des gelées siliceuses, alumineuses et ferriques. En se coagulant, ces gelées saisissent et immobilisent les corps légers qui y sont en suspension ou qui y tombent, les bactéries, les grains de pollen, les petites parcelles minérales qui dès lors échappent à l'action de la pesanteur. En coupe, le coagulum de l'argile de Bernissart apparaît comme une matière brun clair transparente chargée de nombreux corps bactéri-formes. Il est réticulé. Il soutient des corps comme des parcelles ligniteuses, des lamelles micacées, de petits fragments quartzeux, des crottins mouillés, *des lambeaux du coagulum,* des fragments d'argile solidifiés, des fragments de houille. Les spores et les grains de pollen y sont complètement affaissés. Tous ces caractères sont précisément ceux de la matière fondamentale que j'ai fait connaître dans les schistes organiques.

([1]) Lits bruns de l'argile grise.
([2]) D'après des fragments encastrés dans les échantillons.

De même aussi, ce milieu argilo-humique semble avoir possédé à Bernissart de remarquables propriétés aseptiques. Les crottins ne se sont pas décomposés dans ce coagulum comme ils le font sous l'eau ordinaire. Ils ont en effet conservé indéfiniment des restes de fibres musculaires et, de plus, les crottins n'ont pas agi sur les corps végétaux voisins ([1]) comme des centres d'altération.

§ 7. — Cet enfouissement s'est fait à proximité de talus ou d'affleurements houillers et argileux.

Je dois ajouter encore que l'enfouissement des crottins du carnassier de Bernissart dans le dépôt argilo-humique s'est fait près de talus où la houille était à découvert.

La présence de grains et de morceaux de houille dans les plaques d'argile qui contiennent les coprolithes est un fait assez fréquent. Je l'ai relevé 9 fois sur 188 échantillons, soit une proportion d'environ 0.05. La houille y est représentée par des fragments à angles vifs ou de très petits grains. Il ne s'agit pas de fragments de houille pris entre des morceaux d'argile grise resoudés, mais bien de grains de houille tombés dans le coagulum argilo-humique en même temps que les spores, les lignites, le mica et les crottins. Les plus petits de ces fragments de houille sont de simples poussières apportées par le vent comme dans les plaques chargées de sable de houille, les autres ont l'allure de morceaux éboulés et brisés.

D'autres talus ont de même laissé tomber lors de la formation de l'argile grise d'abord une argile noire chargée de lignite fragmentaire ([2]), ou des morceaux d'une roche argileuse brune humique qui sont des morceaux remaniés d'une sorte de schiste organique ([3]).

§ 8. — Résumé de quelques expériences sur la destruction de divers types de crottins actuels.

α. — CONDITIONS DANS LESQUELLES CES EXPÉRIENCES ONT ÉTÉ FAITES.

Les expériences dont je vais présenter le résumé à titre d'indication documentaire ont été faites à Lille. Les objets étaient exposés aux agents atmosphériques sur la grande terrasse du Laboratoire de Botanique de la Faculté des sciences. Elles ont été commencées en mai 1899 et toutes celles qu'il y a lieu de suivre sur une très longue période se poursuivent encore.

Par son emplacement, la terrasse est très exposée au vent, celui-ci y forme des tourbillons violents. La température estivale s'est élevée à 32-38°. Un thermomètre à maxima exposé au soleil dans un pot de terre sur la même table a marqué 46°. L'hiver, la température s'est abaissée jusqu'à -17°. Par suite de

---

([1]) Sur les spores par exemple.
([2]) Echantillon (25 R 26 R).
([3]) Echantillon (85 Bl).

l'ombre portée par les bâtiments du voisinage, les rayons directs du soleil qui atteignent la table d'exposition à partir de 8 h. 30 en été n'y arrivent que vers 2 heures seulement à l'époque du solstice d'hiver.

Les crottins mis en expérience étaient principalement des crottins de chien, de cheval, de lapin, de canard et de poulet. Pour chaque sorte de crottins, on plaçait plusieurs exemplaires dans des pots à fleurs bien drainés sur de la *terre argileuse nue* (¹). Une série de ces pots était protégée par un brise-pluie (²). D'autres étaient exposés dans des soucoupes vernissées ayant 90ᵐᵐ de diamètre et 20ᵐⁱⁿ de creux. L'eau y séjournait après la pluie jusqu'à évaporation complète. Il y avait enfin des crottins placés dans des bocaux de 120 à 150ᵐᵐ de diamètre et de 300ᵐᵐ de hauteur pleins d'eau et dont l'eau était périodiquement ramenée à l'embouchure du bocal par un remplissage. On évitait d'agiter le liquide restant lorsqu'on exécutait cette opération (³). Pendant l'hiver, ces objets exposés en eau tranquille devaient être rentrés dans une salle du Laboratoire où la température n'est jamais descendue au-dessous de -5°. Il s'y formait des glaçons, mais il n'y a jamais eu prise complète, les bocaux n'étaient alors éclairés que par une baie exposée au nord. Tous les bocaux qu'on a laissés dehors dans la période hivernale ont été brisés et les expériences arrêtées (⁴).

Bien qu'il n'ait été pris aucune précaution pour les écarter, les oiseaux et les insectes coprophages ne sont pas intervenus pour accélérer la destruction de ces crottins au cours de leur exposition.

β. — CROTTINS IMMERGÉS.

Lorsque le crottin de carnassier est émis directement dans l'eau, ou lorsqu'il y est porté tout fraîchement émis, ou bien il tombe de suite au fond, ou bien il s'élève à la surface. Quand il descend de suite au fond, il y arrive plus ou moins brutalement, mais sans se briser. S'il est remonté à la surface, le crottin ne tarde pas à s'enfoncer et, en 24 à 36 heures, il est descendu très doucement sur le fond. Le crottin arrive donc entier sur le fond, sans parcelles sableuses, mais un peu amolli. Il s'affaisse sur sa face inférieure en pressant sur le fond résistant. Sa gaîne muqueuse est très gonflée. Les jours suivants, le travail bactérien se continue très intense dans la masse fécale. Les fragments de fibres musculaires disparaissent totalement dans une période de quatre à dix jours selon la température (⁵). Les fibres élastiques du tissu conjonctif sont plus résistantes, on peut en retrouver après trente jours de macération, alors que la masse très ramollie est envahie intérieurement par des bactéries mobiles très allongées, spirillaires et par de nombreux infusoires. Dès le premier jour, la gaîne muqueuse est toute pleine de bactéries bacillaires. Un peu plus tard, la surface du crottin est une sorte de mucosité très diluée où pullulent des bactéries très mobiles et des infusoires variés. Si le bocal est éclairé, l'eau de pluie employée s'emplit de *Chlamydomonas* qui se répandent partout, puis qui viennent former un voile gélatineux sur les parois, sur le fond et sur les crottins. En deux mois, les crottins de chien et de chat forment des masses très affaissées cachées par des membranes d'algues vivantes où domine le Chlamydomonas. Ils s'effondrent au moindre contact. Les os y sont inaltérés, les poils, les parties cornées ou chitineuses, les résidus végétaux ingérés accidentellement ou exceptionnellement, les épidermes, vaisseaux lignifiés, y sont reconnaissables. A l'abri de son manteau d'algues, l'écroulement du crottin se poursuit alors très lentement; six à huit mois plus tard, il forme

---

(¹) Chaque vase recevait un ou deux crottins. Dans le cas des excréments de lapin on mettait six pelotes par vase exposé.

(²) Les brise-pluie étaient faits par une bande de mousseline tendue à 10 centimètres au-dessus du bord des pots à fleurs et ayant la largeur de l'embouchure de ces pots.

(³) L'eau employée était l'eau de pluie.

(⁴) Je n'ai pas d'expériences comparatives sur la destruction des crottins en eau courante.

(⁵) Beaucoup de crottins de carnassiers sont déjà dépourvus de fragments de fibres musculaires lorsqu'ils sortent de l'intestin. Par contre, ils contiennent des cellules épithéliales isolées. Celles-ci disparaissent en deux à six jours.

encore une masse nettement saillante qui est un amas de bactéries et d'infusoires et de débris résistants. Quand le bocal est faiblement éclairé, le développement des Chlamydomonas est beaucoup plus restreint. Le voile d'algues ne se forme pas. L'eau est chargée de bactéries et d'infusoires dans toute sa masse. L'effondrement du crottin sur le fond est accéléré, il se fait en dix à vingt semaines. La destruction des crottins de canard et de poulet dans les mêmes conditions diffère peu de celle des crottins de carnassiers. Elle est un peu plus hâtive. De même que les crottins de carnassiers, les crottins de ces oiseaux descendent rapidement au fond de l'eau.

Le flottage des crottins d'herbivore peut être très long, huit jours pour des crottins frais jusqu'à trois semaines pour des crottins qui ont été séchés antérieurement.

Ils arrivent donc toujours très doucement sur le fond, légèrement amollis. Leur affaissement est d'abord très faible. Ici aussi il y a un grand développement de Chlamydomonas et formation de voiles d'algues sur le crottin, mais celui-ci reste beaucoup plus résistant. Sa masse est une culture de bactéries et d'infusoires variés avec des débris végétaux diversement altérés, et elle conserve ce caractère pendant quinze à dix-huit mois. Dans les périodes où on affaiblit l'éclairement, tous les voiles d'algues s'accumulent sur le fond, ils pâlissent, la végétation des algues vertes et bleues reprend avec l'éclairement.

On peut trouver des filaments mycéliens à cellules courtes en forme de levure, isolées ou en chaîne dans le manteau gélatineux posé sur le crottin effondré (¹).

Lorsque les crottins sont abondants eu égard à la proportion d'eau qui les baigne, celle-ci se colore en brun et devient un purin. Les Chlamydomonas y forment encore des voiles qui entourent les objets. A la surface de l'eau, il se développe une épaisse couche muqueuse pleine de bactéries variées, d'infusoires et de champignons.

Par une exposition dans l'eau éclairée, sans sédimentation enfouissante, la matière fécale se revêt d'une épaisse couche d'algues en même temps qu'elle s'effondre lentement sous son poids.

γ. — Crottins exposés sur la terre argileuse nue mais bien drainée.

La résistance aux agents atmosphériques des crottins, exposés sur la terre argileuse nue mais bien drainée, est extraordinaire. Après vingt-huit mois d'une exposition continue, les divers types de crottins ne sont pas détruits. Ils sont même reconnaissables avec leurs caractères spéciaux.

Quand l'exposition sur la terre argileuse débute dans une période de très beau temps le crottin sèche, sa couche muqueuse superficielle se solidifie en une sorte de pellicule cornée. Les décompositions bactériennes intérieures s'y ralentissent beaucoup. C'est vers le bas du crottin, près du sol, que l'humidité persiste le plus longtemps. La masse fécale contient une grande quantité d'éléments bactériens courts qui revivent dès qu'on les met dans l'eau. Il y a de très nombreuses spores mêlées à tous les résidus alimentaires. Les fragments musculaires persistent reconnaissables et, si la dessiccation a été assez rapide, les cellules épithéliales se retrouvent encore. Les parasites eux-mêmes peuvent être préservés comme dans les fèces de Salamandre et de Crocodile rapidement séchés. Il ne se développe pas de végétation mucoréenne à la surface du crottin. La face inférieure du crottin présente déjà quelques parcelles terreuses adhérentes s'il n'a pas été émis très sec, mais elle n'est pas collée au sol et le vent a facilement prise sur le crottin. C'est surtout le cas lorsque l'objet séché est devenu très léger eu égard à son volume comme les crottins de lapin et plus encore ceux du cheval. Il y a donc pour les crottins d'herbivores la possibilité d'un roulage sur le sol qui tendra à les briser mécaniquement.

(¹) Dans ces expériences, l'intervention des poissons était éliminée.

A la première période de pluie suffisante, la matière muqueuse superficielle du crottin est regonflée et sous l'action lavante de la pluie une petite partie est entraînée jusqu'au sol. Il s'établit une nappe adhésive entre le sol et la face inférieure du crottin. En *séchant par la suite, le crottin se trouvera collé au sol par ce mucus. Il ne pourra plus s'enlever à l'état sec sans entraîner des parcelles terreuses sur sa face inférieure.* Dès la première pluie aussi, le crottin peut être *éclaboussé de parcelles terreuses et même partiellement enfoncé dans la terre s'il s'agit de petites pelotes* comme celles des lapins (¹). Le crottin étant réhumecté plus ou moins profondément par cette première pluie, la décomposition bactérienne reprend dans la partie mouillée selon son degré d'humidité.

La période de beau temps qui vient après amène une nouvelle dessiccation et un nouvel arrêt du travail bactérien, mais le crottin, collé au sol ou même partiellement enfoui, reste en place et le vent n'enlève plus guère que les gros crottins arrondis du cheval.

Ces faits vont se répétant, ce qui amène la consolidation de l'attache du crottin au sol en même temps qu'on voit se produire, sous chaque crottin, une *petite éminence tronc conique* que surplombe le crottin à la manière des pyramides de terre de Ritten près Botzen avec leurs chapeaux imperméables. Il faut une longue pluie pour humecter jusqu'au centre un crottin séché, cela dépend du calibre de l'objet. Le crottin d'herbivore est beaucoup plus difficile à pénétrer que celui du carnassier. Le crottin pailleux du cheval en domesticité est extrêmement difficile à mouiller. Une pluie de vingt-quatre heures ne pénètre pas jusqu'au centre lorsqu'il a subi trois mois d'exposition estivale (mai-août 1899). Lorsqu'ils sont mouillés, les crottins sont pleins de bactéries actives. Ce sont exclusivement des formes courtes quand l'objet est récent. Les formes allongées et les infusoires se montrent peu à peu en vieillissant. Lorsqu'ils sont secs, ils contiennent beaucoup de spores bactériennes, mais la masse, quoique séchée, se montre bien vivante dès qu'on la met au contact de l'eau. La persistance des fibres musculaires dans ces conditions peut être très longue, *de mai à octobre.* Peu à peu les divers éléments résiduels figurés cessent d'être reconnaissables. Les urates disparaissent de la surface des crottins d'oiseaux. A aucun moment, on ne trouve de revêtement de moisissures sur les crottins ainsi exposés.

Par ces lavages suivis de dessiccations répétées, la couche muqueuse des crottins de carnassier s'amincit et disparaît, les sillons muqueux intérieurs s'ouvrent, le crottin tend à se fendre transversalement et obliquement en segments, mais toutes les parties sont encore en place au sommet du pédoncule terreux. Sur les crottins de canard et de poulet, l'amincissement de la couche muqueuse est général, le crottin est cassé. Sur les crottins d'herbivore, la persistance de la couche muqueuse est beaucoup plus longue, la partie non enterrée d'un crottin de lapin la présente encore en octobre. A l'entrée de l'hiver, sur un crottin de cheval, la couche muqueuse brisée par un réseau de fractures de retrait consiste en plaques écailleuses soulevées sur les bords.

Pendant les périodes humides de l'hiver, les dessiccations étant beaucoup plus lentes, les décompositions bactériennes rattrapent par leur continuité ce qu'elles perdent en intensité par suite de l'abaissement de la température.

Quand il gèle les actions bactériennes sont suspendues. Si le crottin a été surpris mouillé, l'eau qu'il contient gèle et tend à écarter un peu ses parties. Au dégel les sillons s'ouvrent davantage. Les crottins de carnassiers sont ainsi très nettement ouverts, en segments, en lobes ou en pelotes, qui rappellent leur constitution initiale. Les crottins d'oiseaux sont fendus en plusieurs morceaux irréguliers. Les crottins de lapin, même non enterrés, demeurent intacts, les crottins du cheval ne sont pas ouverts, leur pellicule muqueuse est seule plus écaillée.

(¹) Sur des plaques poreuses, ces faits d'éclaboussage et d'enfouissement ne se produisent pas.

A la fin du premier hiver, au commencement d'avril, le crottin de carnassier est porté par une colonne de terre de 7 à 15 millimètres à laquelle il est collé. Il est segmenté en morceaux écartés. Les morceaux d'os, les lames cornées, *les poils* s'isolent et sortent de la pâte. Certaines parties blanchissent. La masse est encore formée d'une pâte bactérienne avec nombreuses spores et des infusoires. Sur la surface il y a des algues variées, des rotifères, des vers inférieurs, des anguillules. Le crottin d'oiseau est brisé en menus morceaux plus irréguliers. Le crottin de lapin est enfoui dans la surface de la terre. Le crottin de cheval repose sur son pédoncule terreux. Sa couche muqueuse est largement écaillée par place, laissant voir sa masse pailleuse intérieure. Celle-ci est encore jaune ou grisaillée, les algues vertes et bleues commencent à l'envahir [1].

Pendant la seconde année d'exposition, le crottin de carnassier continue de blanchir, il s'éboule. Quelques-uns de ses morceaux s'enfouissent. La principale résistance à l'enfouissement vient du manteau d'algues qui s'est développé sur la terre et sur lui-même. La masse est encore une pâte bactérienne mêlée de détritus inattaqués, os, poils, chitine. Le crottin d'oiseau est en petits fragments enterrés dans la surface du sol et dans la pellicule d'algues. Les crottins de lapin sont cachés par la terre et le manteau d'algues, leurs débris végétaux s'humifient. Le crottin de cheval a sa surface écaillée, sa paille se désagrège brin à brin et tend à se répandre autour de lui, elle s'humifie.

On a dû supprimer les plantes qui venaient germer sur la terre à côté des crottins. La sécheresse estivale tuait celles qu'on laissait se développer comparativement dans des pots témoins.

Dans ces conditions d'exposition à l'air, *au milieu des habitations d'une grande ville industrielle,* la destruction des crottins est extrêmement lente. Les excréments de carnassiers exigent au moins deux années pour disparaître. Ceux d'herbivores résistent davantage. A part la gelée, les autres causes de destruction venant des agents atmosphériques, sont infiniment moins efficaces que le *piétinement* et la *visite des coprophages.* Les petits crottins peuvent être enfouis directement par la pluie.

Le crottin exposé sur la terre nue résiste longtemps aux agents atmosphériques. Il se colle au sol et prend une face chargée de particules terreuses. Il tend à être porté par une colonne terreuse. Sa surface s'écaille. Le crottin de carnassier ou d'oiseau se brise. Celui d'herbivore se décortique. Un brise-pluie conserve longtemps la surface intacte. Il n'y a pas formation de pédicelle. Le coprolithe intact dans sa forme finit par se recouvrir d'un manteau d'algues à la fin de la seconde année.

δ. — Influence d'un brise-pluie.

Quand on les expose sous un brise-pluie sur la terre argileuse nue, les crottins résistent bien davantage. Ils n'adhèrent au sol que très lentement, ou même ils ne s'attachent pas. Ils ne sont pas souillés par la terre éclaboussée. Les dessins de leur surface demeurent nets et très frais. Leur pédoncule terreux ne se forme pas ou il s'établit lentement après des périodes de très longues pluies. Le crottin ne se coupe que très lentement sous les actions de la sécheresse et de la gelée. Les petits crottins de lapin ne s'enterrent pas. Ces crottins ne se couvrent pas non plus de moisissures. Pendant la seconde année, le crottin, tout en conservant sa forme fraîche, se couvre d'une pellicule d'algues vertes et bleues. A la fin de la seconde année, les crottins de carnassiers et d'oiseaux sont conservés dans leur forme. Ils commencent seulement à se fendiller.

---

[1] Quand l'exposition des crottins commence en octobre l'altération des résidus figurés intérieurs est rapidement amenée au même état que dans les pièces exposées depuis le mois de mai à cause de la persistance de l'humidité, mais même alors le moisissement de la surface ne se produit pas.

Lorsque les crottins sont exposés sous de très grandes cages vitrées qui suppriment l'action de la pluie et celle du vent, le crottin peut aussi sécher complètement dès le début, mais cette dessiccation est plus lente que pour les crottins non abrités. Si le crottin est gros, *chargé d'eau*, il pourra se produire de suite, avant la première dessiccation, une poussée de champignons mucoréens et mucédinéens. Que cette poussée se soit produite ou non dès que l'air contenu dans la cage devient suffisamment humide, la couche muqueuse solidifiée se couvre de moisissures. Il se fait un feutrage mycélien portant des sporanges sur des filaments dressés. Il est tout couvert de spores ainsi que la terre ou la faïence voisine. Pendant les périodes de sécheresse, la végétation des moisissures est arrêtée, elle ne donne de nouvelles poussées que quand l'air devient très humide, presque à saturation. Les décompositions bactériennes interrompues par la première dessiccation ne reprennent que très exceptionnellement dans la surface, les fragments de fibres musculaires s'y retrouvent après trente mois.

Le crottin, abandonné à l'air, non lavé par la pluie, résiste plus de trois ans mais il est recouvert d'un feutrage mycélien et de spores.

Quand les crottins se sont trouvés enfermés dès le début dans une atmosphère confinée très restreinte, il se développe une abondante végétation mycélienne sur leur surface, les décompositions bactériennes y sont très intenses, surtout quand la température est un peu élevée. Les éléments figurés, facilement altérables comme les fibres musculaires, disparaissent en quelques jours.

En vase clos, le crottin liquéfie toutes ses parties facilement attaquables.

Les crottins exposés dans des soucoupes peu profondes sont beaucoup plus rapidement détruits que sur la terre nue et drainée. Là aussi l'expérience peut débuter par une période initiale de dessiccation intense précédant la première pluie. Celle-ci agit comme sur la terre drainée, mais avec une intensité plus grande de l'éclaboussement. Tout cependant se borne à un lavage, car il n'y a pas projection de parcelles terreuses. Après l'ondée, l'eau qui est restée dans la soucoupe entretient l'humidité du crottin. La période d'activité des décompositions bactériennes est donc étendue aux dépens de la durée des périodes de dessiccation ou de repos. La disparition des corps figurés altérables y est par suite beaucoup plus rapide. La sécheresse arrive et avec elle le repos du travail bactérien. Viennent ensuite des alternances de pluie et de dessiccation. Ces dernières périodes étant raccourcies, la fissuration et l'écroulement du crottin sont accélérés. Dans la période des pluies, alors même que la température est plutôt froide, six à huit semaines suffisent pour ouvrir les sillons d'un crottin de carnassier. Les fragments tombés côte à côte forment un monticule sableux qui tend plus tard à s'éparpiller par la pluie et à se couvrir d'une pellicule d'algues. L'éboulement des crottins de canard est encore plus complet. Le crottin de lapin est infiniment plus résistant, même après une année ils ne sont pas encore détruits. Le crottin du cheval a seulement sa surface muqueuse craquelée et écaillée.

Quand la gelée agit sur des crottins de carnassiers exposés dans des soucoupes, la destruction peut devenir très rapide. Il suffit qu'il reste de l'eau dans la soucoupe au moment de la gelée. Deux ou trois périodes de gelées suffisent pour fragmenter le crottin et le briser en un sable grossier. Il en est de même des crottins d'oiseaux. Ceux de lapin résistent beaucoup plus longtemps, à la fin de l'hiver leurs parcelles végétales forment pourtant une lame étalée sur le fond de la soucoupe. Le crottin du cheval a sa surface partiellement décortiquée, le vent l'a souvent enlevé et roulé hors de la soucoupe.

Dans une soucoupe imperméable où ils ne sont jamais que partiellement immergés, la destruction des crottins est rapide surtout quand ils ont à supporter des périodes de gel et de dégel répétées en présence d'une mince nappe d'eau. Ces alternatives déterminent la rupture et l'éboulement des fécès des carnassiers et des oiseaux. Les fécès d'herbivores sont effritées à la surface et reposent bientôt sur un mince lit pailleux.

CHAPITRE XIV

Conclusions.

SOMMAIRE

§ 1. — Ce que sont les coprolithes dominants de Bernissart. — Leur attribution zoologique.
§ 2. — Conditions dans lesquelles ces crottins ont été abandonnés.
§ 3. — Comment ils ont été entraînés par l'eau et noyés.
§ 4. — L'eau brune.
§ 5. — Le dépôt gélatineux. — L'argile grise produite.
§ 6. — Absence de matières bitumineuses. — Conséquences.
§ 7. — Chimisme du coprolithe. — La limonite et les figures tardives qu'elle introduit.
§ 8. — Ce qu'est la gaîne ferrugineuse.
§ 9. — État de conservation des débris digérés. — Les bactéries de la pâte fécale.
§ 10. — Étapes de l'effacement de la structure du coprolithe.

---

§ 1. — Ce que sont les coprolithes dominants de Bernissart.
Leur attribution zoologique.

Les coprolithes dominants de Bernissart sont des fécès fossilisées sans mélange d'urolithes et sans aucune indication de produits urinaires.

Ils proviennent d'un carnassier d'assez grande taille dont le régime alimentaire normal comportait l'absorption de chair musculaire débarrassée des os et de la peau de l'animal mangé. Ses proies avaient donc un assez grand volume et pas d'arêtes ossifiées.

Ces résultats sont établis par la constatation de fragments de fibres musculaires conservées dans leur forme et leur striation, par l'absence constante d'os, d'écailles et de débris végétaux. Ils ont été contrôlés et confirmés par les résultats de l'analyse chimique. Comme dans les fécès de carnassiers, la matière fixe contient beaucoup de phosphate calcique avec une très faible quantité de silice.

Il n'y a pas été trouvé d'œufs de parasites.

Malgré des variations étendues de taille *et même de forme pour les plus petits coprolithes*, tous les échantillons se rapportent à un même type zoologique dont l'alimentation a été remarquablement constante.

Dans l'état actuel de nos connaissances paléontologiques, la première attribution zoologique qui a fait de ces coprolithes *des déjections d'Iguanodons,* ne peut être maintenue. Pour la reprendre, il faudrait établir que, malgré le mode d'usure de leurs dents, les Iguanodons ont été carnassiers. Il faudrait par exemple trouver *à plusieurs reprises* entre leurs dents des débris animaux broyés, ou encore, trouver dans leurs carcasses des déjections comme les coprolithes que j'ai décrits. Cette constatation n'a pas été faite sur les 22 individus dégagés.

La constitution très spéciale des coprolithes dominants de Bernissart impose leur attribution à un Dinosaurien à pièces buccales différenciées. Les antérieures préhensives, coupantes ou arrachantes, les postérieures mâchantes ou au moins cisaillantes, serrées. L'animal tenait ou maintenait ses aliments et les épluchait. Il était représenté par des individus de tailles variées. Ces caractères existent bien chez les Iguanodons. Ils sont même les seuls animaux actuellement connus de la faune de Bernissart qui les réunissent tous. Cela explique la première attribution zoologique qui a été faite de ces restes et les hésitations qui se sont produites sur le régime normal de ces animaux que l'on a fait herbivores et parfois piscivores selon la contradiction des restes figurés, accidentellement mêlés aux déjections qu'on leur attribuait. Ces caractères toutefois ne suffisent pas à spécifier que c'est nécessairement le genre *Iguanodon* qui est l'auteur de ces coprolithes à l'exclusion de tout autre genre de Dinosauriens. *Il aurait donc existé dans la région de Bernissart, à l'époque des Iguanodons, d'autres reptiles carnassiers d'assez grande taille dont les débris squelettiques n'ont pas été rencontrés dans la fouille de 1879-1882* (¹).

Il y a lieu de rapprocher de ce résultat une découverte très importante que M. le conservateur L. Dollo vient de publier (²). Ce savant a trouvé, parmi les ossements de Bernissart, une phalange caractéristique du genre *Megalosaurus,* venant probablement du *Megalosaurus Dunkeri.* Les Mégalosaures sont des Dinosauriens à station bipède comme les Iguanodons, mais ils sont moins grands que les Iguanodons des mêmes gisements (³). De tous les Dinosauriens, les Mégalosaures sont les plus agiles et ils étaient très certainement exclusivement carnivores. Leurs dents postérieures serrées, forment une bande cisaillante, irrégulière sans doute, mais continue, en opposition avec le système des dents antérieures. Le *Megalosaurus Dunkeri,* nourri de la chair des Iguanodons, est-il donc l'auteur des coprolithes dominants de Bernissart? Si le régime alimentaire exclusivement carnassier rend cette attribution beaucoup plus acceptable que celle qui les avait rapportés

---

(¹) En opposition avec ce fait, il faut remarquer que les deux formes de crocodiliens connues à Bernissart, *Goniopholis* et *Bernissartia,* bien que représentées par un petit nombre d'individus, ont laissé, l'une et l'autre, des coprolithes.

(²) L. Dollo. *Les Dinosauriens de la Belgique.* (Comptes rendus de l'Académie des Sciences de Paris, t. CXXXVI, p. 565, 1903.)

(³) Hauteur de l'*Iguanodon Bernissartiensis*   4^{m}50.   Longueur : 10^m.
   Hauteur de l'*Iguanodon Mantelli*   3^{m}50.   Longueur : 5^m.
   Hauteur du *Megalosaurus Dunkeri*   2^m.   Longueur : 4^m.
      L. Dollo, *l. c.,* p. 566.

aux Iguanodons, elle ne me paraît pas encore complètement satisfaisante. D'après ce que l'on connaît de ce Mégalosaure, cet animal se nourrissait plutôt de proies vivantes qu'il attaquait et déchirait ; par conséquent il n'était pas ou il était certainement moins éplucheur que ne l'indiquent les coprolithes dominants de Bernissart. La découverte de M. Dollo nous rapproche certainement de l'auteur des coprolithes dominants, mais on ne peut pas dire que ces restes viennent du genre Megalosaurus. Nous ne connaissons donc pas encore le grand carnassier éplucheur indiqué par les coprolithes dominants du célèbre gisement, qui enlevait seulement la chair de sa proie pour s'en repaître, alors qu'il laissait la peau et les os.

§ 2. — Conditions dans lesquelles les crottins ont été abandonnés.

Les crottins ont été émis très secs, sur une plage très basse en terre sèche, dure, non poudreuse ni sableuse, dépourvue de végétation. Ils y ont complètement achevé leur dessiccation.

Ils n'ont pas moisi sur le sol. Ils n'y ont pas été attaqués par les Coprophages. Les échantillons piétinés ne nous sont pas parvenus. Ils n'ont pas été roulés sur le sol avant d'être repris par l'eau.

§ 3. — Comment ils ont été entraînés par l'eau et noyés.

Les crottins de l'animal de Bernissart ont été repris très doucement par l'eau voisine, flottés et amenés de suite dans une nappe totalement dormante.

Réimbibés d'eau, ils sont descendus doucement vers le fond de la nappe dormante étant en position d'équilibre hydrostatique. C'est dans cette attitude qu'ils se sont posés sur le fond, se plaçant accidentellement ici sur des débris végétaux, recouverts ailleurs par un cadavre de poisson. Ils ne sont que rarement tombés directement dans cette nappe dormante et enfoncés avec une certaine force dans le dépôt comme dans le cas de l'échantillon (25 R. 26 R).

Ces crottins ne se sont pas entourés d'une gaîne d'algues ou d'une gaîne de bactéries et d'infusoires.

§ 4. — L'eau brune.

L'eau dormante était brune, chargée de matières humiques et d'argile colloïdale qu'elle laissait précipiter.

A ce dépôt s'ajoutaient les cadavres flottants, les parcelles végétales vivantes et humifiées, les spores, les *poussières transportées par le vent*, les troubles arrivant par la communication avec l'eau courante et, quelquefois, des débris tombés de talus voisins.

§ 5. — Le dépôt gélatineux. — L'argile grise produite.

Il tendait sans cesse à se déposer sur le fond une *argile brune humique.*

Dans la région explorée, l'argile pure n'est connue que par de très minces lits discontinus et par des fragments anguleux retombés de talus de la même argile.

Le dépôt a enregistré toutes les variations de l'eau. Une petite crue amenait des troubles, argile, parcelles micacées, un peu de sable, qui, en se déposant, diluaient la matière argilo-humique ([1]). Dans le calme qui suivait, l'eau se clarifiait abandonnant des parcelles de plus en plus fines, le précipité argilo-humique tendant de plus en plus à devenir dominant, étant de plus en plus concentré. A la période de niveau minimum correspond le dépôt d'argile brune humique presque pure, de débris végétaux et de rares parcelles micacées. Une nouvelle crue amenait de nouveaux troubles, diluait l'eau de la nappe et la même succession de faits se répétait avec ou sans variantes. Un lit gris blanc, plus chargé de parcelles clastiques ou de parcelles plus grossières, succède ainsi brusquement à un lit d'argile brune. L'opposition des teintes permet donc de voir de quel côté est la face supérieure. Il n'a pas été vu d'érosions dans les lits bruns. Les crues brusques n'ont pas été assez fortes pour raviner le dépôt. Il est arrivé souvent qu'au lieu d'une crue brusque succédant à une eau basse, il y a eu élévation lente du niveau de l'eau. Le fait est enregistré par la présence d'une quantité croissante de matière argileuse et de parcelles clastiques de plus en plus grossières. L'argile brune est devenue insensiblement de l'argile grise. La détermination de la face supérieure d'un échantillon devient alors difficile. Certains lits sont très chargés de parcelles végétales, d'autres sont presque sableux.

Il n'y a pas été trouvé d'Ostracodes, ce qui exclut une eau chargée d'une quantité sensible de matières animales.

Le dépôt était un *coagulum,* qui ressemble aux gelées alumino-humiques. Sa consistance dans les régions grises, aux époques de crue et de troubles, a été faible. Elle était beaucoup plus grande dans les lits bruns aux temps des basses eaux.

Dans ce coagulum, les objets peu denses ou déposés sans violence ont été soutenus, — cadavres, crottins, parcelles végétales, parcelles micacées, — les spores et le pollen s'y rencontrent incomplètement ou même pas affaissés. Les crottins ont d'abord agi comme des corps durs pendant la solidification du dépôt. Par la suite, ils se sont plus contractés que l'argile voisine. Des coupures, dues au retrait, se sont faites dans ce coagulum *noyé,* alors que la formation continuait. Le coagulum a été coupé ou déchiré, des déplacements s'y sont produits. Ils sont inscrits par les craquelures et les déformations des lits bruns visibles sur les tranches de l'argile. Il ne faut pas les confondre avec les grandes craquelures dues aux

---

([1]) Le précipité argilo-humique était en même temps plus dilué par la masse d'eau plus grande. C'est la différence qu'on observe dans la formation des laques alumino-humiques produites en liqueur concentrée et en liqueur très diluée.

retraits et aux mouvements ultérieurs de la masse solidifiée. Ils ont produit les lits bruns discontinus, déplacés, courbés, compris entre des filets horizontaux non déplacés.

Par son origine même, la matière fondamentale de l'argile humique a enfermé et immobilisé de nombreuses bactéries, mais elle a enfermé en même temps des spores variées, de fines bulles, des microlithes. La détermination de leurs corps bactériformes doit donc faire l'objet d'une étude spéciale.

Le dépôt argilo-humique paraît avoir été fixateur et conservateur. Les crottins ne s'y présentent pas comme ayant provoqué l'altération des parties voisines.

Ce dépôt s'est fait près de talus où la houille était à découvert. Il y avait aussi des talus d'argile brune pure et d'argile noire riche en fragments végétaux. Ces talus ont laissé tomber dans le dépôt des morceaux de houille, des morceaux d'argile humique, des morceaux d'argile noire et, avec ces derniers, des fragments de gros crottins du carnassier de Bernissart.

Dans la partie extraite de 1879 à 1882, le dépôt est devenu une argile grise dont les lits les plus purs tendent à passer à l'argile brune humique. L'argile grise, très siliceuse avec alumine soluble, est très chargée de corps bactériformes dans son réseau brun.

§ 6. — Absence de matières bitumineuses. — Conséquences qui en résultent.

Il n'a été rencontré aucune tendance à la formation de matières bitumineuses aux dépens des objets enfouis.

Il n'a été trouvé aucune trace d'infiltration bitumineuse.

Les fécès du carnassier de Bernissart en milieu argilo-humique se sont transformés en phosphate blond et non en charbon coprolithique. Ils ne se sont pas enrichis en carbone et en hydrogène. Ils n'ont pas donné du charbon de coprolithe, parce que la condition essentielle de cette production manquait : *l'imprégnation bitumineuse du crottin et la rétention du bitume par ce corps*.

§ 7. — Chimisme du coprolithe.
La limonite et les figures tardives qu'elle introduit.

Par perte d'eau et de matière organique, les fécès dominants sont passées à l'état de masses phosphatiques pauvres en silice, malgré l'enrichissement en quartz tardif qu'elles ont subi. C'est une persistance remarquable du caractère chimique des fécès de carnassier.

Le phosphate calcique n'a pas encore émigré du crottin dans l'argile voisine ou bien il commence seulement à le faire. Il n'existe encore que dans la gaîne, c'est-à-dire à une distance de 2 à 4 millimètres de la masse fécale.

La silice a pénétré dans la masse fécale. Elle s'y est individualisée sous la forme de cristaux tardifs de quartz. La silice n'a été rencontrée amorphe, à l'état d'opale, que dans un seul exemple où le durcissement superficiel du coprolithe tendait à faire disparaître sa structure.

Le fer a pénétré dans la masse fécale sous la forme de pyrite et de limonite ou de corps producteur de limonite au contact de la matière phosphatée.

Sauf dans quelques accidents locaux, la limonite ne paraît pas y résulter de la transformation directe de la pyrite sur place.

La pénétration de la limonite ([1]) a provoqué dans la masse fécale l'apparition de membranes orangées ou brunes, dont quelques-unes prennent une figuration pseudo-organique : tissus simples, spores, corps bactériformes, pseudo-cuticules.

La pénétration de la limonite comprend deux périodes. Dans la période initiale, plus générale, la limonite pénètre la masse fécale de dehors en dedans et y forme des amas. Dans la seconde période, la limonite se répand de l'axe du coprolithe vers la surface. Il se forme des membranes en ballonnets. La matière coprolithique enfermée dans le ballonnet est protégée. Celle qui est entre les ballonnets est plus altérée. Elle devient gris-roux et tend à prendre une structure grenue. Il tend à se faire dans la masse fécale une région superficielle mieux préservée par opposition à un noyau central plus altéré. Cette localisation cadre parfois assez bien avec la structure initiale de l'objet. Le dépôt ferrugineux des cavernes du coprolithe est un enduit de limonite en ballonnets, qui tapisse la surface des déchirures et des fractures enchevêtrées d'où la matière coprolithique a été enlevée mécaniquement. La forme élémentaire du corps composant de ces membranes paraît être un enrobement des éléments bactériformes de la pâte fécale.

La limonite sporiforme soulève le problème de la nature des corps bactérioïdes. Si, dans les coprolithes, on peut y voir des corps bactériformes enrobés par une membrane de limonite, il est difficile d'invoquer ce même fait pour justifier la formation de la gaîne ferrugineuse et la ferrification des deux bords d'une fracture de l'argile grise. Il y a là une analyse qui doit être reprise pour déterminer dans chaque cas si les corps sporiformes correspondent ou non à des organismes figurés et en particulier à des bactéries.

§ 8. — Ce qu'est la gaîne d'enrobement ou gaîne ferrugineuse.

La gaîne est un dépôt tardif de limonite qui tend à prendre la structure réticulaire. Il s'est fait dans une partie de l'argile raréfiée après la solidification de celle-ci. La limonite y est à l'état de grains sporiformes. Cette gaîne est le début d'un nodule ferrugineux enfermant le coprolithe.

([1]) Ou bien le corps producteur de la limonite au contact du phosphate calcique.

§ 9. — État de conservation des débris digérés. — Les bactéries de la pâte fécale.

La transformation phosphatique de la matière fécale n'a pas fait disparaître sa structure initiale. Celle-ci était tourbillonnaire, elle est quelquefois visible par une très légère pénétration de pyrite.

La conservation des objets digérés est très inégale. Elle est en voie d'effacement. Dans le meilleur état de conservation qui ait été rencontré, les fibres musculaires sont conservées dans leur forme et partiellement dans leur différenciation : striation et opposition de la couche striée à la masse centrale ([1]). Les membranes élastiques ont conservé leur structure fibrillaire. Elles agissent encore sur la lumière polarisée. Les fragments d'os ont conservé leur forme, leur structure, et leurs particularités optiques. Leurs protoplastes ont disparu. Les autres protoplasmes ont disparu ou ne sont pas soulignés, sauf en ce qui concerne les protoplasmes bactériens. Le mucus n'est que très difficilement différenciable et seulement dans les coupes les plus minces des échantillons les mieux conservés.

La structure spongieuse de la pâte est due à sa nature de pâte bactérienne. Les protoplasmes bactériens ont été remplacés par de l'air. Les parois ne sont que très difficilement différenciables du mucus.

La bactérie était petite, courte, cocciforme. Sa détermination comme bactérie est très probable, surtout quand on s'appuie sur les faits présentés par les coprolithes de *Hyena crocuta*. Mais comme elle repose surtout sur la forme de l'objet et sur la nature du milieu, comme d'autre part la limonite peut donner des images sporiformes sans être toujours liée à des corps reconnus comme bactéries, la démonstration de la nature bactérienne reste un peu incomplète. Les caractères morphologiques, complétés au besoin par ceux de temps et de lieu, sont insuffisants actuellement pour réunir cette forme bactérienne à des espèces existantes comme le *Bacillus coli* ou à autoriser la création d'une espèce nouvelle.

Il y a seulement quelques traces très vagues de bactéries allongées en chaînes.

§ 10. — Étapes de l'effacement de la structure des coprolithes.

Au-dessous de l'état de conservation maxima que j'ai rappelé ci-dessus, il a été trouvé en ordre croissant d'effacement :

1° La disparition de la différenciation des deux parties de la fibre musculaire en zone fibrillaire jaune et en matière centrale rouge brun ;

([1]) La structure de la fibre musculaire de l'être mangé paraît simple, la partie fibrillaire formant une enveloppe mince rarement pénétrante autour d'une masse centrale homogène plus altérable. Cette structure ne se trouve aujourd'hui que chez des animaux inférieurs.

2° La disparition de la striation musculaire ;

3° La production de ballonnets de limonite ;

4° L'état grenu de la matière interposée entre les ballonnets de limonite ;

5° La disparition totale des fibres musculaires ;

6° La réduction de la masse coprolithique en un réseau ferrugineux.

Dans la région opalisée, les cavités des corps cocciformes se réunissent en un système de canalicules entourés immédiatement de phosphate gris-roux et, entre ces plages, s'étend une matière phosphatique homogène jaune d'or.

CHAPITRE XV

EXPLICATION DES PLANCHES

§ 1. — Caractère de la composition et des explications des planches.

La composition des planches a été faite dans l'esprit suivant :

Présenter des images photographiques des principaux faits reconnus et analysés dans le texte. Ces faits essentiels sont rappelés par les phrases qui accompagnent les figures. C'est une sorte de résumé très succinct du travail. Ces figures sont en même temps les premiers éléments de contrôle des faits énoncés, les seuls qui seront accessibles à ceux qui ne reviseront pas directement ce travail.

L'explication des planches complète ces indications. Elles renvoient aux spécimens représentés et elles y ajoutent les particularités accessoires reconnues sur ces pièces.

§ 2. — Désignation des échantillons, de leurs faces et de leurs éclairements.

Au sujet de la désignation des échantillons et de leurs faces, j'ai procédé comme il suit : Je spécifie chaque échantillon désigné par son numéro. Chaque objet est considéré comme présentant deux faces et quatre tranches.

Les numéros employés varient de 1 à 100. Ils sont faits au moyen de petites étiquettes roses, jaunes, vertes, blanches. Les lettres R, J, V, B, ou leurs combinaisons RJ, RV, RB, etc., disent les couleurs employées pour former les numéros rappelés.

On admet que l'étiquette numérique de l'échantillon est collée sur sa face visible ou face fv et qu'elle est lue dans sa position normale. La face opposée est la face invisible ou face nv. La tranche de l'échantillon la plus voisine de l'observateur est la tranche antérieure ou tranche ta, la plus éloignée est la tranche postérieure, tranche tp, celle de droite est la tranche droite td, celle de gauche est la tranche gauche tg.

Pour les figures macroscopiques, les grossissements et les réductions employés sont entre eux dans des rapports simples, 1, 2, 3, 4, ou bien 0.75, 0.50, 0.25. Les objets sont éclairés par réflexion, la face fv étant supposée verticale. α est l'angle d'incidence que fait le rayon lumineux donné par la fenêtre avec la normale au milieu de l'échantillon. La flèche jointe à α spécifie le sens dans lequel on fait tourner l'échantillon en rapprochant son bord droit ou son bord gauche de la fenêtre.

Je spécifie très explicitement les conditions d'éclairage des objets, parce qu'il est souvent extrêmement difficile de mettre en évidence les indications que j'énonce, lorsqu'on ne se place pas dans les conditions de visibilité que j'ai déterminées ([1]).

Toutes les figures microscopiques ont été obtenues par transparence.

Les clichés et les épreuves sur papier photographiques étaient étudiables à la loupe qui y révélait de fins détails. Les reproductions phototypiques qui en sont présentées conservent bien l'aspect d'ensemble de la figure, mais le granulé, introduit par la gélatine, efface les fins détails et ne permet plus l'étude à la loupe. Pour chaque figure il convient de chercher le meilleur éclairement sous lequel elle doit être vue.

PLANCHE I

LE COPROLITHE DOMINANT DE TAILLE MOYENNE EN PLACE DANS L'ARGILE.

Échantillon (14 R, 15 R).

Fig. 1 et 2. Face supérieure d'une plaque d'argile qui contient un coprolithe dominant de taille moyenne. Elle est représentée sous deux éclairages différents. Pour la Fig. 1, l'angle d'incidence α est de 10° ⌒; pour la figure 2, α = 15° ⌒. Gr. : 0.5.

Le coprolithe C est vu par une fenêtre ouverte dans ses gaînes, gaîne argileuse et gaîne ferrugineuse ou gaîne coprolithique.

Pl 1. Pointe de la lame superficielle ou lame triangulaire du coprolithe.

12. Mince lame de matière coprolithique qui doublait ici la lame superficielle.

Ar. Argile grise. — G. Ar. Gaîne formée par l'argile autour du coprolithe. — Tr. Ar. Tranche de l'argile. — Tr. Ar. R. La tranche rafraîchie au couteau et à sec. — T. Ar. P. La tranche couverte de sa patine.

Fig. 3 et 4. La même plaque d'argile présentée par ses tranches. Gr. = 0·5. α = 0°.

Fig. 3. La tranche antérieure, rafraîchie dans sa partie droite.

Fig. 4. La tranche postérieure couverte de sa patine ([2]).

Une cassure transverse permet d'ouvrir l'échantillon et d'enlever la portion médiane du coprolithe et son extrémité initiale. Cette dernière est placée à droite dans la Fig. 1 sous la gaîne G. Ar.

Fig. 5. La fracture verticale de la plaque d'argile des Fig. 1 et 2. On y voit le coprolithe C entouré de ses deux gaînes, gaîne ferrugineuse G C. et gaîne argileuse G Ar. Par suite des nécessités imposées par l'éclairage de cette pièce, le diamètre vertical D V est placé ici horizontalement. Dans cet échantillon, par suite de fractures de l'argile enve-

---

[1] L'éclairage était donné par une grande fenêtre exposée au nord-est.
[2] Sur la partie gauche de cette Fig. il faut lire l'indication T. Ar. P au lieu de T. Ar. R.

loppante, le grand diamètre du coprolithe a été ramené dans la position verticale. Il présente donc ce fait très exceptionnel que DV y est plus grand que DH.

Les cassures transverses du segment médian.

Fig. 6. La cassure transverse du segment médian présentée avec le diamètre DV horizontal.

Fig. 7. La cassure transverse gauche du même segment, celle qui se raccorde avec la Fig. 5.

Fig. 8, 9, 10. La surface du segment médian sorti de la gaîne coprolithique. Gr. = 1.75.

Fig. 8 et 9. Une partie du bord concave présentée sous deux éclairages différents. Pour la Fig. 8, l'angle d'incidence α = 70° ⤴. Pour la Fig. 9, α = 70° ⤵. Ces deux Fig. présentent un point α où la matière stercoraire est ridée et finement filée comme dans les fécès de carnassiers.

Si. Sillon. — P. Si. Impression laissée par une fracture accidentelle de l'argile simulant un sillon.

Dans cet échantillon, le bord concave est antéro-inférieur.

Fig. 10. La surface du bord convexe du coprolithe avec ses dessins en creux. Elle montre la variolation due à la chute de la pyrite après sulfatage. α = 80° ⤵.

$\frac{1}{\pi}$. Les dessins de variolation.

Les indications, relatives au noyau qu'on a pu dégager dans l'extrémité initiale de ce coprolithe, sont renvoyées aux Fig. 32 à 35, Pl. III.

PLANCHE II

MORPHOLOGIE DU COPROLITHE DOMINANT DE TAILLE MOYENNE.

Un bord.

11 et 12. Un coprolithe entier, encore enfermé dans l'argile, mais partiellement dégagé par son bord convexe. Échantillon 23 R.

H B. Trace du plan vertical perpendiculaire à l'axe polaire du coprolithe suivant lequel l'échantillon a été coupé pour donner la Fig. 12. L'extrémité terminale de cet échantillon est à gauche.

Fig. 11. Le bord convexe : Gr. = 0,5. α = 90° ⤴. De petites rides, dues aux fractures accidentelles de la gaîne argileuse et de la gaîne ferrugineuse, figurent à sa surface un réseau écailleux.

Fig. 12. La section transversale de ce même échantillon. Gr. = 1. α = 85° ⤵.

Ca'. Cavernes du coprolithe dues à l'intensité plus grande de son retrait tardif.

Ar. L¹, Ar. L². Deux lits de l'argile grise entre lesquels est compris le coprolithe. Ils sont horizontaux. Ils ne sont pas fracturés. Le banc d'argile L^1L^2, compris entre ces deux filets, est aminci et légèrement laminé au-dessus et au-dessous du coprolithe, le coprolithe ayant d'abord agi comme corps plus dur par rapport à la matière du dépôt.

Ar. LD. Un lit d'argile disloqué. Les très nombreuses fractures de retrait sont indiquées par les ruptures des filets plus foncés. Ces lits spontanément disloqués ont constitué des plans de résistance minima.

Ar. L³. Un lit supérieur d'argile non fracturé.

Extrémités.

13, 14, 15. Une extrémité terminale partiellement dégagée. Gr. = 0.5. La pointe de l'échantillon est brisée. Échantillon 19 R.

Fig. 13. Le coprolithe vu par la face supérieure ([1]).

Fig. 14. Profil transverse de la région voisine de la pointe, $\alpha = 70°$ ⌒.

Fig. 15. La partie terminale du bord convexe vue de profil $\alpha = 35°$ ⌒.

16, 17, 18. Une extrémité initiale dégagée. Gr. = 1. Échantillon 30 J.

Fig. 16. La face supérieure de cette extrémité. $\alpha = 90°$ ⌒.

PI. Pôle initial.

Pl1. La lame triangulaire.

Si. Sillon.

Fig. 17. La face inférieure. $\alpha = 60°$ ⌒. Les dessins y sont complètement effacés.

Fig. 18. Bord concave. $\alpha = 90°$ ⌒.

19, 20, 21. Une extrémité terminale dégagée. Gr. = 1. Échantillon 33 V.

Fig. 19. La face supérieure. $\alpha = 0°$, PT. Pôle terminal.

Fig. 20. La face inférieure. $\alpha = 45°$ ⌒.

Fig. 21. La cassure transverse de l'extrémité terminale.

DV. Diamètre vertical. Il est placé horizontalement.

11. Lame superficielle du coprolithe.

12. Lame doublant la lame superficielle.

Un segment médian.

22, 23, 24. Un segment médian à demi dégagé. Il bute directement contre l'argile par sa fracture droite. Échantillon (5 V, 48 V).

Fig. 22. La face dégagée du segment. Gr. = 0.5. $\alpha = 45°$ ⌒. La portion gauche du

---

([1]) La plaque, placée sur une tablette horizontale contiguë à la fenêtre d'éclairage avec son bord postérieur du côté de cette fenêtre, avait ce bord postérieur légèrement soulevé. La lumière arrivait ainsi sous une incidence d'environ 60° dextre par rapport au bord postérieur.

segment est enlevée pour montrer son moulage et le faciès de la cassure horizontale de la matière coprolithique dans le milieu de l'échantillon.

Fig. Petits bouts de lignite, pétioles.

Fig. 23. Le bord concave. Gr. = 0.5. $\alpha = 80°$ ⌒.

Fig. 24. Dessins écailleux sur la partie droite du bord concave. Gr. = 1. $\alpha = 100°$ ⌒. Ces dessins sont dus à des fractures accidentelles des gaînes ferrugineuse et argileuse. Figure pseudo-organique de ridement. On sent encore que ce ridement accidentel s'exerce sur une masse organique structurée.

Verrucation.

25. Verrucation de la surface du coprolithe provoquée par la pyrite. Échantillon 13 J.

Fig. 25. Les pustules provoquées par la pyrite sur la surface d'une extrémité terminale de coprolithe.

π. Les pustules ou saillies dues à la pyrite. La distribution des verrues reflète quelque peu le mode d'empilement de la matière fécale.

PLANCHE III

MORPHOLOGIE DU COPROLITHE DOMINANT DE TAILLE MOYENNE *(Suite)*.

Sillons.

26, 27, 28. Sillons et lame triangulaire d'une extrémité initiale. Échantillon 53 J.

Fig. 26. L'échantillon présenté par le bord convexe, face supérieure en haut. Gr. = 0.75. $\alpha = 60$ ⌒. La lame superficielle partiellement tombée laisse voir le noyau du coprolithe.

Fig. 27. L'échantillon vu par la face supérieure. Gr. = 0.75. α 80° ⌒.

Fig. 28. Le bord concave présenté avec la face supérieure en bas. Gr. = 0.75. $\alpha = 60°$ ⌒.

Surface sableuse.

29. Morceau de coprolithe avec lame argilo-sableuse collée à la surface. Gr. = 1.75. $\alpha = 80°$ ⌒. Échantillon 86 V.

Fig. 29. Une petite portion du flanc convexe d'un coprolithe brisé. Gr. = 1.75. $\alpha = 80°$ ⌒.

Le noyau intérieur du coprolithe.

30 et 31. Le noyau partiellement dégagé par enlèvement de la lame triangulaire d'un coprolithe très fortement affaissé. Échantillon 31 V. Gr. = 0.75. $\alpha = 80°$ ⌒.

Fig. 30. La face supérieure de l'échantillon.

Ar. Pl 1. Attache de la lame triangulaire.

n. Le noyau intérieur montrant ses sillons.

Fig. 31. La cassure transverse de l'échantillon pour montrer son degré d'affaissement.

32, 33, 34, 35. Le noyau qui a été dégagé de l'extrémité terminale du coprolithe (14 R, 15 R). Gr. = 0.5. Ce noyau est très volumineux et empâté.

Fig. 32. La face supérieure. $\alpha = 80°$ ⌒.

M. Le mucron ou extrémité initiale du noyau.

Les lames superficielles 11, 12, ont été enlevées.

Fig. 33. La face inférieure. $\alpha = 90°$ ⌒.

Fig. 34. Le bord concave. $\alpha = 90°$ ⌒.

Fig. 35. Le mucron ou pôle initial du noyau. $\alpha = 60°$ ⌒.

36, 37, 38, 39. Un noyau de coprolithe moyen qui a été trouvé dégagé. Il est plus grêle que le précédent. Gr. = 0,75. Échantillon 37 J.

Fig. 36. Le noyau vu par sa face supérieure. Cette face présente des rides longitudinales. $\alpha = 50°$ ⌒.

Fig. 37. Le flanc concave du noyau vu de trois quarts et d'en haut et pour montrer l'indication d'une pointe analogue à la lame triangulaire superficielle et ses sillons transverses. $\alpha = 30°$ ⌒.

Fig. 38. Le flanc concave du noyau vu de trois quarts. $\alpha = 30°$ ⌒.

Fig. 39. Le mucron du noyau.

Cassures transverses du coprolithe moyen.

40 à 43. Cassures transverses d'un coprolithe *dont la surface est silicifiée*. Échantillon 46 J, 47 J, 40 Bl. Ces cassures montrent l'inégale répartition de la silicification sur le pourtour du coprolithe.

Fig. 40. Première cassure transverse. Cassure gauche de la pièce 47 J. Gr. = 1.00. $\alpha = 90°$ ⌒.

Fig. 41. Deuxième cassure transverse. Cassure transverse droite de 47 J. Gr. = 1.00. $\alpha = 90°$ ⌒.

Fig. 42. Troisième cassure transverse. Cassure transverse gauche de 46 J. Gr. = 1.00. $\alpha = 90°$ ⌒.

Op. Partie opalisée opposée à la région centrale inaltérée et compacte.

Fig. 43. Quatrième cassure transverse. Cassure transverse droite de la pièce 46 J. Gr. = 1.00. $\alpha = 90°$ ⌒.

Fig. 44. La surface du bord concave de ce même échantillon entre 40 et 43.

Fig. 45. Cassure transverse d'un autre coprolithe moyen dont la matière coprolithique est dure et très compacte. De petites fissures y ont produit des facettes qui rappellent l'aspect des moulages de plaquettes écailleuses. Il n'y a pas d'écailles dans cet échantillon 13 J. On ne trouve pas d'écailles non plus dans d'autres échantillons dont la cassure présente ce même faciès écailleux. Gr. = 1.75. $\alpha = 90°$ ⌣.

fa. Petites facettes laissées par les fissures.

lig. Un petit fragment de lignite.

PLANCHE IV.

CASSURES ET SECTION DU COPROLITHE MOYEN.

Cassures transverses.

46 et 47. Deux cassures transversales grossies dans un coprolithe moyen sans cavernes. Échantillon 73 V.

Fig. 46. La tranche gauche présentée face infér. en haut, bord antérieur à gauche. La cassure de la matière coprolithique est très fraîche. Gr. = 1.75. $\alpha = 75°$ ⌣.

Fig. 47. La tranche droite présentée face inférieure en haut.

Cassures longitudinales.

48 et 49. Cassures longitudinales du coprolithe dominant de taille moyenne.

Fig. 48. Une cassure longitudinale verticale dans la surface d'un coprolithe caverneux près de son extrémité initiale. Échantillon 86 R. Gr. = 1.00. $\alpha = 45°$ ⌣. Le coprolithe est très affaissé sur sa face inférieure.

Fig. 49. Une cassure longitudinale horizontale dans la surface du coprolithe (43 R, 45 V). Gr. = 0.75. $\alpha = 90°$.

La matière coprolithique présente des fissures propres parallèles entre elles et obliques par rapport au grand axe de la figure.

A côté du coprolithe, contre son bord concave, il y a un bout de lignite.

Section transversale.

50. Section transversale d'un coprolithe moyen, court, avec caverne centrale, en place dans un lit d'argile très foncée.

Ar. bL¹. Lit d'argile brune dans lequel le coprolithe s'est déposé.

Ar. bL°. Autre lit d'argile brune inférieur au précédent, déformé et aminci pendant la première solidification par suite de la présence du coprolithe dans son voisinage. Le coprolithe agit d'abord comme un corps plus dur que la matière argilo-humique entourante.

Ar. L. Lit d'argile grise placé entre Ar. b. L° et Ar. b. L¹. On y voit l'indication de plusieurs lits très minces d'argile brune.

La matière de ce coprolithe est peu ferrifiée. Les fibres musculaires y sont reconnaissables dans les coupes minces.

La section est représentée grandeur naturelle Gr. = 1.00 sous l'incidence α = 50° ⌒.

51 et 52. *Petits fragments de houille dans l'argile grise, à proximité d'un coprolithe dominant de taille moyenne*, d'après l'échantillon 18 V. Gr. = 0.5. α = 90° ⌒.

Fig. 51. La tranche antérieure. Elle présente le coprolithe *c* par son bord concave. Une partie de cette tranche a été rafraîchie au couteau. Elle montre sa stratification régulière.

Fig. 52. La tranche postérieure du même spécimen. Le coprolithe y est vu par son bord convexe. La stratification s'y montre très régulière.

hou. Grains de houille à angles vifs, l'un d'eux hou[1] est plus gros.

Les coprolithes dominants de fort calibre. — Pièces types. — Un coprolithe entier.

53 et 54. Un coprolithe dominant de fort calibre encore engagé dans l'argile. Échantillon 21 R. Gr. = 0.5.

Fig. 53. Le profil vertical du coprolithe. Il se montre très affaissé sur sa face inférieure. α = 25° ⌒.

El. Extrémité initiale.

ET. Extrémité terminale.

MS. Demi-méridien vertical supérieur.

MI. Demi-méridien vertical inférieur.

L'argile entourante est fortement craquelée.

Fig. La face inférieure de l'échantillon 21 R présentée avec sa tranche antérieure en haut. On y remarque des traînées de matière coprolithique In pénétrant en injection dans les fractures de l'argile.

La consolidation complète du coprolithe est donc postérieure à celle de l'argile. α = 20° ⌒.

Extrémités initiales.

55 et 56. Une extrémité initiale encore engagée dans l'argile. Gr. = 0.5 d'après l'échantillon 35 R.

Fig. 55. L'échantillon vu par sa tranche antérieure pour montrer ses sillons. α = 35° ⌒.

Fig. 56. La section transversale de cette extrémité. Gr. = 1. α = 55° ⌒.

La surface de la section a été dressée au couteau.

La ferrification de cet échantillon était assez forte.

57 à 62. Une extrémité initiale de coprolithe dominant de fort calibre complètement dégagée. Gr. = 0.5. Échantillon 2 J.

18. — 1903.

Fig. 57. La face supérieure avec ses sillons très marqués. $\alpha = 50°$ ⌐.

Fig. 58. La face inférieure. Les sillons y sont effacés. $\alpha = 50°$ ⌐. L'affaissement de ce coprolithe sur sa face inférieure est très fort.

Fig. 59. Le bord concave. La face supérieure étant en haut. $\alpha = 50°$ ⌐.

Fig. 60. Le bord convexe, la face supérieure étant en haut. $\alpha = 70°$ ⌐.

Fig. 61. La cassure transverse naturelle selon un sillon. La face supérieure étant en haut. $\alpha = 50°$ ⌐.

Fig. 62. Le pôle initial. La face supérieure est en haut, le bord convexe est à droite. $\alpha = 60°$ ⌐.

PLANCHE V.

SEGMENTS COURTS ET DISQUES ISOLÉS DÉPOSÉS EN STABILITÉ HYDROSTATIQUE.

63 à 66. *Un segment est posé sur une génératrice.* Exemple tiré de l'échantillon (6 R., 7 R). Ce segment est court et grêle.

Fig. 63 et 64. Le bloc d'argile entier et fermé est présenté par deux tranches. Gr. = 0.75. $\alpha = 40°$ ⌐. 63 montre la tranche antérieure, 64 fait voir la tranche droite. Le bloc a été ouvert par une fente horizontale $H_g H_d$. On a rafraîchi au couteau la partie antérieure de la tranche gauche pour montrer la stratification régulière de l'argile. Il tendait à se former une argile humique brune spécifiée par les lits $Ar. b. L^1 Ar. b. L^2$. L'arrivée d'une crue d'eau, plus chargée de troubles, déterminait un dépôt d'argile grise qui est une argile humique plus chargée de matières minérales. L'argile grise succède brusquement ici à des maxima de formation d'argile brune, d'où la possibilité de spécifier les faces supérieure et inférieure de l'échantillon.

Fig. 65 et 66. Les deux faces de la fente $H_g H_d$ du même bloc. Gr. = 0.5. On y voit un segment médian de coprolithe grêle. Il est posé sur une génératrice. Ses deux cassures transverses butent contre l'argile. 65 représente la face inférieure de la plaque supérieure sous l'incidence $\alpha = 40°$ ⌐. 66 représente la face inférieure de la plaque supérieure sous l'incidence $\alpha = 10°$ ⌐.

67 à 70. *Un disque coprolithique est posé sur sa section transverse.* Gr. = 0.75. Échantillon (55 V, 56 V).

Fig. 67. La tranche verticale antérieure du bloc entier. Le bloc est ouvert suivant la cassure horizontale $H_g H_d$. La patine de la tranche a été enlevée pour montrer sa stratification régulière. $\alpha = 45°$ ⌐.

Fig. 68. Le profil de la plaque inférieure vue par sa tranche gauche. L'axe du coprolithe est planté perpendiculairement aux strates de l'argile. $\alpha = 60°$ ⌐. Le disque coprolithique était relativement épais.

Fig. 69. Face inférieure du morceau supérieur du bloc. Elle présente le coprolithe coupé transversalement. La pièce est présentée avec sa tranche antérieure à droite. $\alpha = 45°$ ⌐. Il s'agit d'un coprolithe dominant grêle.

Fig. 70. La face supérieure du morceau inférieur présentée avec la face antérieure à gauche. $\alpha = 45°$ ⌐.

71 à 73. *Un bloc d'argile qui contient un disque coprolithique très mince posé sur la cassure transverse.* Échantillon (45 R, 48 R).

Fig. 71. Le bloc entier présenté par sa tranche antérieure. Gr. = 0.95. $\alpha = 65°$ ⌐.
0.0, Cassure oblique qui ouvre l'échantillon.

Fig. 72. La face inférieure de la plaque supérieure présentée tranche antérieure à droite. Gr. = 1. $\alpha = 60°$ ⌐.

Fig. 73. La face supérieure de la plaque inférieure présentée tranche antérieure à gauche. Gr. = 1. $\alpha = 65°$ ⌐.

Autour de la matière coprolithique très mince présentée coupée transversalement, on voit une gaîne coprolithique ferrugineuse très épaisse.

PLANCHE VI.

COPROLITHES DOMINANTS CONTENANT DES FRAGMENTS OSSEUX MACROSCOPIQUES.

74 à 79. *Un disque mince contenant plusieurs dents de poisson* (Pycnodonte). Les dents ont conservé leurs positions relatives. Ce disque mince est posé sur sa cassure transverse. Il est entouré d'une gaîne ferrugineuse épaisse. Échantillon 55 R.

Fig. 74. La tranche antérieure du bloc entier. Gr. = 0.75. $\alpha = 55°$ ⌐.

Fig. 75. La face supérieure du bloc avec la demi-plaque mobile en place. Cette demi-plaque mobile est à droite sur la figure. Gr. = 0.75. $\alpha = 45°$ ⌐.

Fig. 76 et 77. La face supérieure du bloc après enlèvement de la demi-plaque mobile. On aperçoit la moitié droite de la section transverse du coprolithe. Les quatre dents sont sur le bord antérieur du disque ([1]). La figure 77 présente la face supérieure avec la même orientation que la figure 75. La figure 76 la présente tournée de 180° dans le plan vertical. $\alpha = 65°$ ⌐ pour les deux figures.

Fig. 78. La face supérieure du bloc après enlèvement de la demi-plaque mobile grossie 1.75 fois. $\alpha = 75°$ ⌐.

C. La matière coprolithique coupée transversalement.

d. Les dents.

GC. La gaîne ferrugineuse.

Fig. 79. La face inférieure de la demi-plaque mobile. Gr. = 1.75. $\alpha = 60°$ ⌐.

pd. Pointe d'une dent encore noyée dans la matière coprolithique.

([1]) La quatrième dent située à gauche est à peine dégagée.

80 et 81. Extrémité initiale d'un coprolithe moyen avec un fragment d'os de reptile. Échantillon (74J, 75J). Échantillon remarquablement conservé avec fibres musculaires striées. Voir Fig. 162, 163.

Fig. 80. L'échantillon 75 J entier vu par son arête antéro-supérieure. Gr. = 0.75.

fv. La face visible de l'échantillon. C'est une cassure inclinée à 30° sur le plan horizontal.

Sf. C. La surface du coprolithe.

f. os. Le fragment d'os.

Fig. 81. La région du fragment d'os grossie 1.75 fois, α = 75° ⌒. La patine et les points pyriteux sont particulièrement bien visibles sur cet échantillon.

Fig. 82. Une extrémité initiale de coprolithe dominant grêle *enroulée en tortillon,* posée sur sa cassure, et formant disque. Gr. = 0.75. α = 60° ⌒. Échantillon 95 R.

PLANCHE VII.

LES COPROLITHES DOMINANTS DE TRÈS GRANDE TAILLE.

Le coprolithe entier.

83 à 88. Un très gros coprolithe entier dans sa gaîne ferrugineuse. Échantillon 12 J. Gr. = 0.5.

Fig. 83. La face supérieure. α = 60° ⌒. ⌒c ou c⌒ Bord convexe; ⌒c ou c⌒ Bord concave.

Fig. 84. La face inférieure. α = 45° ⌒. Une fenêtre ouverte dans la gaîne coprolithique, contre la cassure transverse, montre la matière coprolithique semblable à celle des coprolithes de taille moyenne et l'épaisseur de la gaîne.

Sf. C. La surface du coprolithe visible par l'ouverture de la fenêtre ouverte dans la gaîne.

Fig. 85. Le bord concave. α = 60° ⌒.

Fig. 86. Le bord convexe. α = 60° ⌒.

Fig. 87. L'extrémité initiale ou pôle initial. α = 60° ⌒.

Fig. 88. L'extrémité terminale ou pôle terminal. α = 60° ⌒.

89. *Une extrémité initiale isolée.*

Fig. 89. Profil d'une extrémité initiale dégagée. Gr. = 0.5. α = 60° ⌒.

90 à 95. *Segments médians.*

90 à 92. Un segment médian dégagé. Échantillon 28J. Gr. = 0.5.

Fig. 90. La face supérieure. Une partie de la lame superficielle est tombée mettant à nu le noyau du coprolithe. α = 70° ⌒.

Fig. 91. La face inférieure affaissée et à dessins effacés. α = 70° ⌒.

Fig. 92. La cassure transverse droite pour montrer la forme du noyau. Il est déprimé sur sa face inférieure. $\alpha = 50°$ ⌢.

93 à 95. *Le plus gros segment médian qui ait été rencontré.* Gr. = 0.5 pour 93 et 94. Gr. = 1.00 pour 95. Échantillon 16 R.

Fig. 93. La face supérieure. $\alpha = 45°$ ⌢.

La cassure transverse gauche du coprolithe bute directement contre les lits de l'argile. *Au contact du coprolithe est un fragment de houille isolé hou,* mesurant 22^{mm} sur 8^{mm}.

VT. Trace du plan vertical de la section représentée figure 95.

⌢ Bord concave.

Fig. 94. La cassure transverse gauche de l'échantillon. $\alpha = 45°$ ⌢.

Fig. 95. La section transverse de l'échantillon pour montrer la déformation par affaissement de la face inférieure. Gr. = 1. $\alpha = 70°$ ⌢.

FS. La face supérieure.   FI. La face inférieure affaissée.

(Le bord convexe.   (Le bord concave.

Ca. Cavernes dans la matière coprolithique.

Ar. b. L. Lit d'argile brune brusquement arrêté en haut et non raviné. Il montre la concordance des faces supérieures indiquées par le coprolithe et par l'argile.

96 et 97. *Cassures tangentielles.*

Fig. 96. Cassure horizontale dans la face supérieure d'un très gros coprolithe très caverneux. Gr. = 0.5. $\alpha = 60°$ ⌢. Échantillon 20 R.

Fig. 97. Cassure tangentielle verticale sur le bord antérieur ou bord concave du même échantillon. $\alpha = 45°$ ⌢.

PLANCHE VIII.

LES COPROLITHES DOMINANTS DE TRÈS GRANDE TAILLE (*suite*).

98 à 100. Une peau de poisson reposant sur la base du flanc convexe d'un très gros coprolithe. Échantillon 4 J.

Fig. 98 A. Section transversale oblique d'un fragment de très gros coprolithe nettement déprimé sur sa face inférieure. Ce segment porte une peau de poisson sur le bas de son flanc convexe. Gr. = 0.5. $\alpha = 60°$ ⌢.

(Flanc convexe.

MS. Méridien supérieur.

A. Point où se trouve la peau de poisson.

Fig. 98 B. La surface du flanc convexe de la face supérieure.

La peau de poisson s'étend de A en B. Elle est complètement étalée. La peau est vue par la face interne [1]. Gr. = 1. $\alpha = 60°$ ⌢. On y reconnaît la structure des écailles et on y voit les impressions laissées par le moulage de quelques arêtes.

---

[1] Indication de M. le Conservateur L. Dollo.

Fig. 99. La partie de la peau voisine du point A. L'axe polaire du coprolithe est placé verticalement. Le détail de la structure des écailles est visible sur celles qui sont autour du point ec.

Fig. 100. La partie de la peau de poisson voisine du point B. Le détail de la structure des écailles est visible autour du point B. — Les moulages des arêtes sont indiqués par des sillons.

101 à 104. *Un segment médian de très gros coprolithe planté obliquement à côté d'un bloc d'argile noire à lignites sur lequel il appuie. Gr. = 0.5. Échantillon (25 R, 26 R).*

Fig. 101. La tranche verticale gauche du bloc 26 R. On y voit les lignes de stratification de l'argile grise légèrement ondulées. Dans le lit inférieur on aperçoit, sous la forme d'îlots horizontaux très foncés, les coupes verticales de deux prolongements du morceau d'argile noire. La stratification de l'argile noire en ce point n'est pas déterminable.

fv. Face visible de l'échantillon. (Face par laquelle il est présenté dans la collection.)

An. G. Angle gauche de l'échantillon.

Ar. n. Argile noire à lignites et à fragments de houille.

Fig. 102. La tranche antérieure du bloc 26 R. Un segment médian d'un très gros coprolithe, fendu dans son axe polaire, repose et appuie obliquement sur un fragment d'argile noire à lignites.

Sg. c. Le segment coprolithique.

Hg. Hd. Trace du plan horizontal parallèle aux lignes de stratification de l'argile grise.

P. Axe polaire du segment coprolithique.

hn. hn. Direction de l'horizontale des couches de l'argile noire.

On voit que l'une des sections transverses du coprolithe, bute directement et obliquement contre l'argile grise.

Fig. 103. La tranche du bloc 25 R, qui se raccorde directement avec la tranche antérieure de 26 R. Elle forme la face visible de l'échantillon. C'est par cette tranche qu'il est présenté dans la collection α = 80° ⌣.

Fig. 104. La tranche opposée du bloc 25 R ([1]). Elle montre les couches du morceau d'argile noire fortement inclinées sur les couches de l'argile grise α = 35° ⌣.

Coprolithes intermédiaires entre les très gros coprolithes et les coprolithes de fort calibre.

105 à 108. Une extrémité terminale partiellement dégagée. Elle présente de forts sillons très visibles sur les figures 105 et 106. Au point de *sa surface* marqué 1 on voit l'impression laissée par une petite lame ligniteuse. Au point 2, sur la cassure oblique, on voit un petit fragment de lignite *dans la matière du coprolithe*.

([1]) Elle joue le rôle de face nv. dans la manière dont l'échantillon est exposé sur le plateau.

Fig. 105. La face supérieure de l'échantillon présentée avec la tranche postérieure en bas. Gr. = 0.5 α = 70° ⌒.

Fig. 106. Le coprolithe vu par la tranche antérieure ou bord concave. Gr. = 0.5 α = 60° ⌒.

Fig. 107. L'impression laissée à la surface du coprolithe par une lame de lignite. Gr. = 1.5. α = 40° ⌒.

Fig. 108. Le petit fragment de lignite, *enfermé dans la matière coprolithique*, près de la surface du coprolithe. Gr. = 1.5. α = 80° ⌒.

PLANCHE IX.

FIN DES TRÈS GROS COPROLITHES.

109 à 111. Un segment médian dont la surface est couverte de sable fin. Échantillon (74 R. 75 R).

Fig. 109. Le segment, en place dans l'argile. Il est vu par sa cassure transversale gauche. Gr. = 0.5 α = 70° ⌒.

Fig. 110. La cassure transversale gauche du même segment grossie deux fois. α = 50° ⌒.

Dans cette figure le grand diamètre transverse a été rendu horizontal.

Fig. 111. Le segment extrait de son moule pour montrer la surface du coprolithe couverte de sable fin directement adhérent à cette surface. Le morceau est présenté par sa face inférieure, sa cassure transverse gauche se trouve ainsi placée à droite de la figure. Sa cassure transverse droite (placée ici à gauche) butait directement contre l'argile. Gr. = 1. α = 70° ⌒ ([1]).

Fig. 112. Cassure transversale d'un très gros coprolithe fortement ferrifié. Échantillon 41 Bl.

Les coprolithes de petite taille.

Un coprolithe court de fort calibre. Pièce unique. Échantillon 22 R.

Fig. 113. Un coprolithe court de fort calibre. Gr. = 0.5, α = 75° ⌒.

Ce coprolithe, en forme de haricot, est fortement affaissé sur sa face inférieure. Sa face supérieure est légèrement affaissée. Le pôle initial est à droite de la figure.

Coprolithes courts de calibre moyen.

114 et 115. Un de ces coprolithes courts de calibre moyen à demi dégagé. Les cassures superficielles de la face dégagée montrent que la structure de la matière coprolithique est bien celle des coprolithes moyens. Échantillon (12 R, 13 R).

---

[1] On remarquera que l'argile contient des lits sableux près du coprolithe.

Fig. 114. Le coprolithe vu par la face dégagée. Gr. = 0.5 α = 80° ⌣.
Le pôle initial est à droite de la figure.
Le bord court ou bord concave est ici lui-même légèrement convexe.
Fig. 115. Le profil du bord convexe. Gr. = 0.5 α = 50° ⌣.
Voir Fig. 190 et 191, Pl. XV, un coprolithe moyen court complètement dégagé.
116 et 117. *Un coprolithe lacrymorphe*. Échantillon (1 R. 2 R).
Fig. 116. Le coprolithe vu par sa face supérieure. Gr. 0.5 α = 60° ⌣.
Fig. 117. Le profil transverse du coprolithe vu par la pointe. Tranche droite de l'échantillon. Gr. = 0.5 α = 60° ⌣.
118 à 120. *Un coprolithe court et grêle enroulé en tortillon*. Échantillon 48 J.
Fig. 118. L'échantillon 48 J présenté par sa tranche postérieure face fv en bas. L'extrémité terminale du coprolithe monte du bord concave sur le bord convexe. La pointe brisée a laissé son moulage sur le bord convexe. Gr. = 0.75 α = 75° ⌣.
Ei. Extrémité initiale. Et. Extrémité terminale. Sil. Sillon laissé sur le bord convexe par le moulage de l'extrémité terminale.
Fig. 119. La tranche verticale droite présentée de trois quarts. L'angle postérieur gauche de l'échantillon étant légèrement relevé pour montrer les ridements de la région initiale. La tranche rafraîchie de l'argile spécifie que la face fv de l'échantillon est une face supérieure. Gr. = 0.75 α ═.
Fig. 120. La face fv. de l'échantillon. Gr. = 0.75 α = 80° ⌣.
121 et 122. *Un très petit coprolithe*. Échantillon 53 R.
La configuration réniforme de ces très petits coprolithes rappelle celle du coprolithe court de fort calibre.
Fig. 121. La face dégagée d'un très petit coprolithe. Gr. = 0.5 α = 85° ⌣.
Fig. 122. La cassure horizontale médiane de cet échantillon. Gr. = 3.00 α = 90° ⌣.
Cette cassure, étudiable à la loupe, montre toutes les particularités de structure des coprolithes dominants de taille moyenne y compris les aspects pseudo-écailleux.

PLANCHE X.

STRUCTURE DES COPROLITHES DOMINANTS DANS LEUR ÉTAT ORDINAIRE DE CONSERVATION.

Les figures en ballonnets produites par la limonite.

Ensemble des coupes microscopiques.

Fig. 123. Un secteur de la *section transversale* de l'échantillon 48 V. Coupe Tr. 2. Gr. 5.
Il montre la lame périphérique transparente opposée à la région profonde grisaillée et seulement translucide. A ce grossissement on ne voit aucun débris reconnaissable.

l. per. Lame périphérique transparente, rtl. région translucide, ra. région soulignée par de l'air.

Fig. 124. Une partie de la *section méridienne horizontale* du même échantillon. Coupe R.H. 3. Gr. 5.

L'opposition de la zone périphérique par rapport à la zone profonde est à peine sensible, la partie externe de la zone profonde étant ici presque transparente et seulement soulignée par de l'air en quelques points.

125 et 126. Opposition des régions transparentes et des régions grisaillées translucides.

Fig. 125. Une portion de la partie périphérique d'une section méridienne verticale de l'échantillon 24J. Coupe R V. 3, point $\frac{y}{z} = \frac{23.4}{14.0}$. Gr. 19.

Dans la région transparente qui forme la lame externe, à gauche de la figure, les points noirs sont des amas massifs de limonite.

La région grisaillée de droite doit cet aspect à des ballonnets de limonite.

Même à ce grossissement il n'y a aucun débris reconnaissable.

Fig. 126. Une région intérieure, demeurée transparente, entourée par la région translucide. Sur une coupe transversale de l'échantillon 24 J, coupe Tr. 1, point $\frac{x}{y} = \frac{37.2}{10.6}$ Gr. 19.

La lame osseuse représentée Fig. 141, Pl. XI.

Le grisaillement ou trouble est dû à des figures en ballonnets produites par la limonite, non résolubles à ce grossissement.

Fig. 127. Un point de la section transversale Tr. 1 de l'échantillon 24J pour montrer les figures en ballonnets dessinées par la limonite. Gr. 125.

l. ba. Ballonnets de limonite.

l. m. Amas de limonite massifs comme ceux de la lame externe.

Fig. 128. Le point $\frac{y}{z} = \frac{23.4}{14.0}$ de la section méridienne verticale de l'échantillon. 24 J. Gr. 125 (¹).

A gauche la zone externe transparente avec ses amas massifs de limonite.

A droite la zone profonde du coprolithe avec ballonnets de limonite.

Au contact de la lame externe et de la zone profonde, on voit que la convexité des ballonnets de limonite est toujours tournée vers la zone profonde.

Les trous bordés de limonite.

Fig. 129. Un trou rempli de ballonnets de limonite et un trou en préparation. Point $\frac{y}{z} = \frac{26.05}{10.05}$ de la section méridienne verticale R V. 3. Échantillon 24 J. Gr. 125.

La partie de la matière enfermée dans la convexité du ballonnet limonitique est donc préservée, alors que l'autre est plus fortement attaquée.

______

(¹) Région comprise entre les deux traits rouges de la Fig. 125.

Conséquences :

1° La lame superficielle transparente du coprolithe est donc généralement mieux conservée que la partie profonde ;

2° Le contenu des ballonnets de limonite est moins altéré que la partie comprise entre les ballonnets.

Fig. 130. Un trou bordé de limonite. Point $\frac{y}{z} = \frac{26.20}{18.00}$ de la section méridienne verticale R N. 3. Échantillon 24 J. Gr. 125.

Les convexités des lamelles limonitiques sont toujours tournées vers l'intérieur du trou. Celui-ci est souvent totalement vide de matière coprolithique.

Fig. 131. La partie comprise dans les ballonnets de limonite est plus foncée et plus jaune que la partie comprise entre les ballonnets. Point $\frac{y}{z} = \frac{28.6}{18.1}$ de la coupe R V. 3 de l'échantillon 24 J. Gr. : 212.

On ne distingue aucune trace d'élément figuré dans la région représentée en dehors d'une sorte de picotis du fond.

<h2 style="text-align:center">PLANCHE XI.</h2>

LES CORPS FIGURÉS ENCORE DÉTERMINABLES QUI SONT NOYÉS DANS LA PATE
DES COPROLITHES DOMINANTS.

132 à 137. Les corps grisâtres.

(On établira plus loin que ce sont des fibres musculaires striées coupées dans tous les sens.)

Fig. 132. Le point $\frac{y}{z} = \frac{27.2}{11.8}$ de la coupe méridienne verticale R V. 3. Échantillon 24 J. Gr. 350.

fm. La section oblique d'un corps grisâtre. Il paraît homogène sans piqûres, avec des fractures propres. Son bord gauche est très nettement séparé de la pâte entourante.

Au point désigné par $l\,ba$, la membrane qui limite les ballonnets de limonite se résout en grains bullaires qui disparaissent insensiblement dans le picotis injecté du fond.

Fig. 133. Un fragment grisâtre dans une région où le picotis de la pâte est souligné par des bulles d'air. Gr. 212.

134 et 135. Degré de visibilité des fragments grisâtres dans les coupes d'échantillons de conservation moyenne.

Fig. 134. Exemple pris au point $\frac{21.95}{3.2}$ de la coupe transversale Tr. 1. Échantillon 20 J. Région particulièrement mince, complètement pénétrée par la résine durcissante. Gr. 212.

Le fragment de fibre f' m' est coupé transversalement. Il est rendu sensible par l'opposition de son aspect homogène, fissuré de craquelures propres, à l'aspect piqueté de points flous de la pâte entourante.

f'' m''. Un autre fragment de fibre encore moins visible.

l m. Un amas de limonite massive.

Fig. 135. Coupe d'un fragment de fibre très altéré dans une région de coprolithe très envahie par la pyrite. Point $\frac{x}{y} = \frac{35.5}{10.7}$ de la coupe transversale Tr. 1. Échantillon 26 J. Gr. 115.

f m. La coupe oblique du morceau de fibre.

py. Un amas de pyrite.

136 et 137. Une région très chargée de fragments grisâtres sur la coupe transversale Tr2 de l'échantillon 3R ([1]).

Fig. 136. Ensemble de la plage au grossissement 19.

Fig. 137. Le rectangle 1-2 de la Fig. 136. Point $\frac{x}{y} = \frac{33.05}{5.95}$. Les fragments grisâtres y sont indiqués comme des taches plus foncées, à angles vifs tranchant sur une sorte de fond granulé. Il n'y a pas de limonite en ballonnets dans cet échantillon. Il n'y a pas de limonite massive dans cette plage.

138 à 141. Fragments osseux ([2]).

Fig. 138. Un secteur de la coupe transverse Tr1. Échantillon 48 V avec un fragment osseux caverneux et une lamelle osseuse. Gr. = 5 ([3]).

Fig. 139. L'os caverneux de la Fig. 138. Gr. = 17. — La surface des cavernes est couverte de lamelles de limonite convexes vers le centre de la caverne.

Fig. 140. La lame osseuse de la Fig. 138. Gr. 55. Elle est chargée de canalicules osseux parallèles dans la région supérieure gauche de la figure.

Fig. 141. La lame osseuse de la Fig. 126. Gr. 110. — Les canalicules osseux visibles dans la partie gauche de la figure ne sont pas corrodés.

142. 143. Membranes conjonctives.

Fig. 142. Un secteur de la coupe transversale Tr2. Échantillon 74 J ([4]). Gr. 9.

lc. Lame conjonctive ([5]).

lig. Un fragment de lignite.

Fig. 143. La partie 1-2 de la lame conjonctive de la figure précédente Gr. 72 fois. Le point 2 est placé ici en haut de la figure. — Le point 1 est en bas.

On reconnaît, à la loupe, quelques points d'attaque ponctiformes dans l'épaisseur de la lame conjonctive.

<h3 style="text-align:center">PLANCHE XII.</h3>

SUITE ET FIN DES CORPS FIGURÉS IMMÉDIATEMENT DÉTERMINABLES.
PSEUDO-TISSUS.
STRUCTURE TOURBILLONNAIRE SOULIGNÉE PAR LA PYRITE.

Fig. 144. Le bout de lignite de la Fig. 142. Gr. 31.

Il est nettement brisé à un bout, effiloché de l'autre côté, sans autre débris de même nature dans le reste de la section.

([1]) Échantillon exceptionnellement bien conservé et très chargé de ces fragments dans toutes ses parties.
([2]) Ils s'illuminent entre les nicols croisés.
([3]) Ce secteur est distant de 5 millimètres de celui qui est représenté Fig. 123, Pl. X.
([4]) L'échantillon 74 J, 75 J est exceptionnellement bien conservé, mais très chargé de limonite massive.
([5]) Elle s'illumine entre les nicols croisés.

     G.-EG. BERTRAND. — LES COPROLITHES

Fig. 145. Un bout de lignite trouvé sur la section méridienne horizontale RH3 de l'échantillon 74 J. Région $\frac{33.5}{10.0}$. Gr. 20.

Ce fragment est parallèle à l'axe polaire.

Fig. 146. Une plage avec fragments grisâtres (fragments de fibres musculaires) au voisinage du bout de lignite de la Fig. 145 et au même grossissement 152, 153', 153''. Coupes des fragments représentés grossis Fig. 152 et 153. Les petits points blancs de cette figure sont des cristaux de quartz tardifs.

Fig. 147. Pseudo-tissu d'apparence épidermique fait par la limonite. Coupe transversale Tr 1. Échantillon 36 J.

Fig. 148. La structure tourbillonnaire soulignée sur la coupe transversale. Coupe Tr. 1. Échantillon 26 J. Gr. 4.5.

Fig. 149. La structure tourbillonnaire soulignée sur la coupe méridienne horizontale. Coupe RH 3. Échantillon 26 J. Gr. 4.5.

L'axe polaire est vers le haut des Fig. 148 et 149.

Démonstration de ce fait que les fragments grisâtres sont des morceaux de fibres musculaires striées, coupées en divers sens.

150 à 159. Individualisation de plus en plus nette des fragments grisâtres par rapport à la pâte voisine dans les coprolithes exceptionnellement bien conservés ([1]). — Différenciation d'une enveloppe anisotrope. Premiers indices de striation.

Fig. 150. Coupes de deux fragments grisâtres plus différenciés, par rapport à la pâte entourante, que dans les Fig. 134 et 135. — Point $\frac{x}{z} = \frac{40.1}{11.0}$. Coupe RH 3. Échantillon 74 J. Gr. 172.

f'm'. Un fragment coupé presque transversalement. On remarquera sa zone périphérique un peu plus claire et *le cristal de quartz développé dans la fibre.*

f''m''. Coupe oblique d'un autre fragment.

Si. Cristaux tardifs de quartz.

Fig. 151. Coupe oblique d'un fragment plus fortement différencié. — Point $\frac{x}{z} = \frac{35.2}{8.4}$ de la préparation RH 3. Échantillon 74 J. Gr. 115.

La coupe est légèrement striée parallèlement aux grands côtés. Par places, la striation est soulignée par un alignement de points attaqués.

Fig. 152. Autre exemple de coupe oblique d'un fragment très différencié par rapport à la pâte. Point $\frac{x}{z} = \frac{36.0}{17.5}$ préparation RH 3. Échantillon 74 J. Gr. 95.

Légère striation parallèle au grand côté.

Fig. 153. Deux fragments voisins très nettement différenciés de la pâte entourante. Point $\frac{x}{z} = \frac{35.2}{17.5}$ préparation RH 3. Échantillon 74 J. Gr. 95.

([1]) Échantillons. (74 J, 75 J), 3 R, 1 J.

f'm' = 153'. Fragment coupé transversalement. — On voit l'opposition de la région centrale à la zone entourante plus claire. L'anisotropie de celle-ci n'est pas encore sensible.

f''m'' = 153''. Autre fragment coupé obliquement. — Quelques stries ou canaux parallèles aux grands côtés.

Fig. 154. Coupe oblique d'un fragment où la striation parallèle au grand côté est encore plus sensible. — Point $\frac{x}{z} = \frac{34.3}{9.25}$. Coupe RH 3. Échantillon 74 J. Gr. = 115.

Fig. 155. Coupe transversale d'un fragment où l'enveloppe anisotrope périphérique commence à se manifester. Elle se différencie par sa coloration jaune d'or alors que le centre tend à devenir rouge-brun. Point $\frac{x}{y} = \frac{24.9}{7.9}$. Coupe Tr 2. Échantillon 74 J. Gr. = 95.

L'enveloppe anisotrope est à peine sensible entre les nicols croisés.

Fig. 156. Coupe transversale d'un fragment très différencié. — L'enveloppe anisotrope, très mince, jaune d'or, entoure la masse centrale rouge-brun (homogène?). Point $\frac{x}{y} = \frac{27.8}{15.05}$. Coupe Tr 2. Échantillon 74 J. Gr. = 95.

Fig. 157. Section transversale d'une grosse fibre. L'enveloppe anisotrope jaune d'or s'illumine entre les nicols croisés. Elle contraste avec la masse centrale rouge brun. Point $\frac{x}{y} = \frac{36.3}{10.8}$. Préparation RH 3. Échantillon 74 J. Gr. = 115.

m. c. Masse centrale rouge brun et isotrope.

e. a. Enveloppe jaune d'or anisotrope.

Fig. 158 et 159. Sections de fragments de fibres plates. Dans 158, le contenu rouge brun est craquelé à l'intérieur de l'enveloppe anisotrope intacte. Dans 159, le contenu rouge brun est continu.

Point $\frac{x}{z} = \frac{20.2}{7.2}$. Préparation RH 3. Échantillon 74 J. Gr. = 115.

Point $\frac{x}{z} = \frac{30.05}{11.3}$. Préparation RH 4. Échantillon 74 J. Gr. = 115.

En. gf. Trois fibres accolées coupées obliquement.

PLANCHE XIII.

LA STRIATION TRANSVERSE DE LA FIBRE MUSCULAIRE. — L'ATTAQUE ET L'ÉCROULEMENT DE CES FIBRES.

La pâte fécale est chargée de cellules bactériennes.

160 à 162. La striation transverse de l'enveloppe anisotrope de la fibre musculaire.

Fig. 160. Un morceau de fibre musculaire dont les faces sont striées transversalement. Point $\frac{x}{y} = \frac{20.0}{17.3}$. Coupe Tr. 2. Échantillon 74 J. Gr. = 212.

fm'. Le morceau de fibre dont les faces présentent les stries transversales.

fm''. Autres morceaux de fibres musculaires isolées coupées obliquement.

lm. Petits amas de limonite massive.

Si. Cristaux de quartz tardifs.

Fig. 161. Morceaux de fibres musculaires montrant la striation transverse de leur surface. Point $\frac{x}{y} = \frac{22.0}{3.5}$. Coupe Tr. 2. Échantillon 74J. Gr. = 212.

fm'. La plus fine striation qui ait été observée.

fm''. La surface d'un autre morceau de fibre strié très attaqué suivant la striation transverse. Celle-ci y forme de gros traits dont partent des corrosions plus ou moins arborescentes.

fm'''. Une section transversale d'un autre fragment de fibre.

La structure piquetée de la pâte entourante est particulièrement nette.

Fig. 162. Une coupe tangentielle sur un angle d'un morceau de fibre striée. Point $\frac{x}{z} = \frac{41.8}{12.5}$. Coupe RH 4. Échantillon 74J. Gr. = 212.

Plaque jaune anisotrope, réticulée dans sa région centrale, montrant la striation transverse sur le pourtour de la plaque.

Autour la masse centrale rouge brun ([1]) :

163 à 167. Attaque et écroulement des fragments de fibres musculaires striées.

Fig. 163. Section transversale oblique d'une fibre musculaire isolée montrant quelques points d'attaque. Point $\frac{x}{y} = \frac{28.7}{10.2}$. Préparation Tr. 2. Échantillon 74J. Gr. = 212.

Fig. 164. Section transverse d'une fibre musculaire isolée montrant de nombreux points d'attaque. Point $\frac{x}{z} = \frac{88.8}{12.1}$. Préparation RH 3. Échantillon 74J. Gr. = 115.

Fig. 165. Section transverse d'une fibre musculaire isolée déjà très attaquée. Elle montre de nombreux points d'attaque très fins et des taraudages en hélice. Ces derniers, particulièrement larges, sont soulignés par un revêtement très mince de limonite. Point $\frac{x}{z} = \frac{88.8}{12.1}$. Préparation RH 3. Échantillon 74J. Gr. = 212.

Fig. 166. Autre exemple de taraudages partant de la surface d'une fibre musculaire et gagnant sa région centrale. Point $\frac{x}{z} = \frac{33.7}{7.2}$. Préparation RH 3. Échantillon 74J. Gr. = 115.

Fig. 166bis. Morceaux de fibres musculaires striées dont la surface très attaquée se fond dans la pâte fécale. Point $\frac{x}{z} = \frac{86.2}{12.0}$. Préparation RH 3. Échantillon 74J. Gr. = 115.

Fig. 167. Une petite plage chargée de fibres musculaires très attaquées qui sont plus ou moins complètement fusionnées avec la pâte fécale entourante. Point $\frac{88.8}{9.0}$. Préparation RH 3. Échantillon 74J. Gr. = 115.

fm' à fm[iv]. Fragments musculaires de plus en plus attaqués.

Éléments bactériens enrobés de limonite et soulignés par celle-ci. En se détachant très nettement sur le fond, ils donnent l'impression de spores bactériennes.

La pâte fécale est chargée de cellules bactériennes.

Ces éléments bactériens sont très visibles là où ils sont soulignés par de l'air ou

---

([1]) Dans les coupes de crottins d'Otarie montées de la même manière, les sections de fibres de hareng isolées présentent de nombreux exemples de figures identiques.

enrobés par la limonite. Ils se présentent comme des points flous là où ils sont injectés par la résine employée pour durcir les objets.

Fig. 168. Coupe méridienne horizontale de la pâte fécale dans une région très mince complètement injectée par le médium durcissant. Elle montre très nettement la différenciation qui subsiste dans les diverses parties de la pâte. Sections de fibres musculaires; capsules, éléments bactériens.

Point $\frac{y}{s} = \frac{38.05}{12.4}$. Préparation RV 3. Échantillon 1 J. (¹). Gr. = 406.

fm. Morceaux de fibres musculaires.

cap′. Capsule remplie de pâte fécale.

cap″. Capsule affaissée.

β. Cellules bactériennes. β′. Cellule enduite de limonite. β″. Cellule bacillaire. Elles sont rarement aussi allongées.

PLANCHE XIV.

Dans les points les plus favorables des échantillons les mieux conservés, les points de la pâte fécale se résolvent en cellules bactériennes. Celles-ci sont visibles lorsqu'elles sont injectées par de l'air ou soulignées par la limonite.

163 à 173. Résolution des points de la pâte fécale en cellules bactériennes.

Fig. 169. Plage de la pâte fécale, injectée d'air, dont le picotis rappelle les nuages bactériens des fécès quaternaires et actuelles.

Point $\frac{y}{z} = \frac{37.7}{12.0}$. Préparation RV 6. Échantillon 1 J. Gr. = 212.

Fig. 170. Une autre plage de la pâte encore injectée d'air auprès de la section d'un fragment de fibre musculaire. A la loupe, chacun des points noirs est résolu en une petite sphère ou un petit ellipsoïde. Point $\frac{x}{s} = $ R $\frac{18.00}{1.8}$. Préparation RH. 3. Échantillon 1 J. Gr. = 406.

Si. Cristal de quartz.

En *can*. Trace d'un réticulum qui indique peut-être des bactéries en longues chaînes.

Fig. 171. Une plage de matière fécale où la membrane des ballonnets de limonite est décomposable en petits éléments bullaires. Éléments bactériens entourés d'un vernis limonitique. Point $\frac{y}{z} = \frac{27.2}{11.8}$. Préparation RV 3. Échantillon 24 J. Gr. = 406 (²).

Fig. 172. Une région très mince de la pâte où les points sont résolus en éléments bactériens. Certains d'entre eux sont entourés d'une très mince lame de limonite. Point $\frac{z}{y} = $ R $\frac{21.95}{3.2}$. Préparation Tr. 1. Échantillon 24 J. Gr. 328.

Fig. 173. Une plage de la pâte fécale, encore très chargée d'air, montrant le réseau de craquelures spontanées qui peut couper la pâte.

Point $\frac{z}{y} = \frac{20.0}{11.0}$. Préparation Tr. 2. Échantillon 1 J. Gr. = 65.

(¹) Cet échantillon est remarquablement pauvre en limonite et en quartz.

(²) On remarquera que l'aspect sporulaire se présente là où il y a de l'air et de la limonite.

TERMES DE COMPARAISON TIRÉS DE LA STRUCTURE D'UN COPROLITHE QUATERNAIRE
DE « HYENA CROCUTA ».

A. Les points de la pâte fécale, encore injectés par de l'air, se résolvent en cellules bactériennes. Celles-ci rappellent les éléments du " Bacillus coli ". Là où la pâte a été pénétrée par la résine durcissante, les bactéries sont indiquées par des points flous.

Fig. 174. Une plage de la pâte fécale de *Hyena crocuta* où il y a encore un peu d'air. Gr. = 212.

Les éléments injectés d'air se détachent sous forme d'un picotis noir formant des nuages. A la loupe, on les voit se résoudre en éléments bactériens.

Dans le fond, d'apparence générale homogène, la loupe montre des points flous qui sont des éléments bactériens pénétrés par le médium durcissant.

Fig. 175. Les points de la pâte fécale résolus en cellules bactériennes. Gr. = 406.

On remarquera les inégalités de taille des éléments soulignés par l'air.

Les articles bacilliformes sont composés de cellules courtes disposées en chaînettes.

Fig. 176. Ressemblance des éléments bactériens de la pâte fécale du coprolithe quaternaire de *Hyena crocuta* avec les éléments du *Bacillus coli*. Gr. = 376.

Chaque élément souligné par de l'air est entouré d'une auréole claire.

B. Les fragments d'os, trouvés dans la pâte, s'illuminent encore entre les nicols croisés.

Les canalicules partant des ostéoblastes sont ici corrodés, montrant ainsi l'intensité de l'action du suc gastrique d'un carnassier broyeur d'os sur les os ingérés.

Fig. 177. Un fragment d'os.

Point $\frac{x}{y} = \frac{27.2}{6.0}$. Préparation Tr. 2. Gr. = 100.

Fig. 178. Une portion plus grossie de la Fig. 177. Gr. = 200.

Osb. Ostéoblaste. Cavité occupée par la cellule osseuse disparue.

c. c. Canalicules osseux corrodés.

Si. Cristaux tardifs de quartz.

PLANCHE XV.

A. — TROUS ET FRACTURES DE LA PÂTE FÉCALE DE « HYENA CROCUTA ».

Fig. 179. Section transverse de la pâte fécale dans une région où elle est très chargée d'air. Les fractures et les trous y sont soulignés en blanc.

Point $\frac{x}{y} = \frac{32.0}{2.8}$. Préparation Tr. 2. Gr. = 200.

Dans quelques-uns des trous, il y a déjà de la limonite massive.

Les fractures contiennent des lamelles tardives de quartz.

B. — LE « BACILLUS COLI » EN CULTURE PURE, TRÈS ÉTALÉE, MONTÉ A SEC.

Fig. 180. Une culture de *Bacillus coli*. Colorée à la fuchsine. Photographiée à sec. Gr. = 212. Point $\frac{38.0}{18.0}$. Préparation 1 [1].

Fig. 181. Une portion de la Fig. 180. Gr. 406.

L'aspect de ces cultures reproduit celui des régions du coprolithe de *Hyena crocuta* où l'air souligne les éléments bactériens.

C. — EFFACEMENT DE LA STRUCTURE DU COPROLITHE DANS LA RÉGION SILICIFIÉE DU COPROLITHE 40 BL. FIG. 182.

Point $\frac{x}{y}$ = R. $\frac{29.15}{7.4}$. Préparation Tr. 3. Échantillon 40 Bl. Gr. = 86.

1. Région où les éléments bactériens sont ramassés en arborisations ou canaux.

2. Région où il n'y a plus que des sortes de canaux.

3. Région où la structure est totalement effacée.

D. — STRUCTURE DE LA GAÎNE D'ENROBEMENT.

Fig. 183. Section transversale d'une partie de la gaîne d'enrobement.

Préparation Tr. 2. Échantillon 23R. Gr. 2.

1. Argile grise pure.

2. Argile grise chargée de limonite bullaire. Voir Fig. 186.

3. Argile grise encore plus raréfiée avec limonite amassée en amas réticulés. Voir Fig. 185.

4. Région très raréfiée avec limonite dessinant un réseau pseudo-cellulaire à noyaux. Voir Fig. 184.

Fig. 184. Le réseau pseudo-cellulaire à noyaux produit par le retrait.

Point $\frac{x}{y}$ = R $\frac{24.4}{0.4}$. Préparation Tr. 1. Échantillon 23R. Gr. = 406.

La limonite est localisée suivant un réseau à mailles polygonales, dont chaque maille présente un noyau collé à la paroi.

n. noyaux.

p. parois pseudo-cellulaires.

Dans cette région, on trouve encore quelques parcelles de mica et des spores.

Fig. 185. Région raréfiée de l'argile grise où la limonite très abondante est ramassée en massifs reliés les uns aux autres formant un système réticulé à gros nœuds.

Point $\frac{x}{y}$ = R $\frac{25.0}{3.4}$ Préparation Tr. 1. Échantillon 23R. Gr. = 115.

mi. Lamelle horizontale de mica.

si. Un grain de quartz tardif.

sp. Une spore.

alr. Petits amas de limonite reliés entre eux.

____

[1] Préparations de M. Jean Gavelle, préparateur à l'Institut Pasteur de Lille.

Fig. 186. Région de l'argile grise se chargeant de limonite bullaire.
Point $\frac{x}{y}$ = R $\frac{24.1}{3.5}$ Préparation Tr. 1. Échantillon 23R. Gr. = 212.
mi. Très minces lamelles de mica.
csi. Fragments clastiques de quartz.
lb. Limonite bullaire.

E. — L'ARGILE GRISE.

Fig. 187. Section verticale d'ensemble de l'argile grise. Gr. 5.

Cette coupe montre : la stratification régulière de l'argile, ses coupures spontanées et les déplacements qui en sont la conséquence. Une mince lame d'argile brune.

f. Partie supérieure d'un lit. — Les parcelles clastiques sont moins nombreuses et plus fines. La matière argilo-humique domine.

d. Début du lit suivant. Les parcelles clastiques brusquement plus grosses dominent sur la gelée argilo-humique.

ab. Une lamelle où la matière argilo-humique est très pure. C'est dans des lits de cette sorte qu'on a trouvé des algues.

lig. Fragments de lignite.

dis. Coupure spontanée de la matière argilo-humique.

Fig. 188. Coupe horizontale de l'argile grise.
Point $\frac{x}{y}$ = $\frac{31.6}{4.0}$ [1]. Préparation RH3. Échantillon 1J Gr. = 212.

csi. Fragments clastiques de quartz.

cβ. Région chargée de corps bactériformes formant un picotis qui rappelle celui des coprolithes.

Fig. 189. Une plage horizontale de l'argile grise avec corps bactériformes nombreux dans la gelée argilo-humique. Point $\frac{x}{y}$ = $\frac{31.5}{3.95}$. Préparation RH.3. Échantillon 1J. Gr. = 406.

Un grand nombre de ces corps sont les uns bullaires, les autres bacilliformes.

F. — LE PETIT COPROLITHE ISOLÉ DU BLOC DE L'IGUANODON lz.

Fig. 190. La face supérieure. Gr. 0.5.
Fig. 191. Le bord concave. Gr. 0.5.

---

[1] Pour les couches stratifiées l'axe des x et l'axe des y sont horizontaux. Ox est l'axe transverse perpendiculaire aux grandes cassures. Oy est parallèle à ces cassures. Oz est placé verticalement.

Le Coprolithe en place dans l'argile.

La partie moyenne du Coprolithe est vue par une fenêtre ouverte dans l'argile et dans la gaine coprolithique.

1 et 2. Face supérieure d'une plaque d'argile, contenant un Coprolithe, présentée sous deux inclinaisons différentes.

Fig. 1. Gr. = 0,5. α = 10° ⟶. Fig. 2. Gr. = 0,5. α = 15° ⟵.

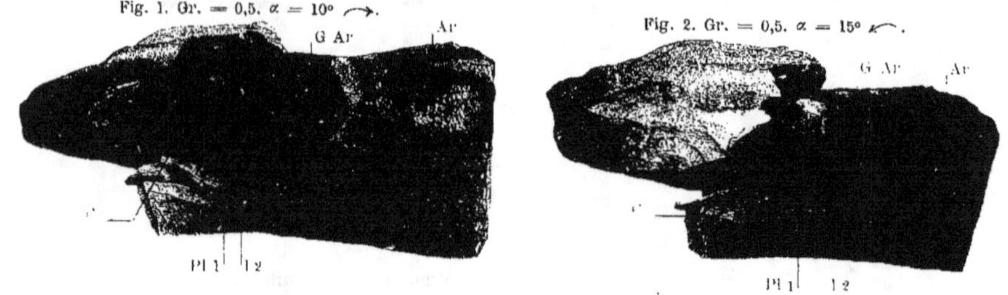

3 et 4. La plaque d'argile présentée par les tranches.

Fig. 3. La tranche antérieure. Gr. = 0.5. α = 0°. Fig. 4. La tranche postérieure. Gr. = 0.5. α = 0°.

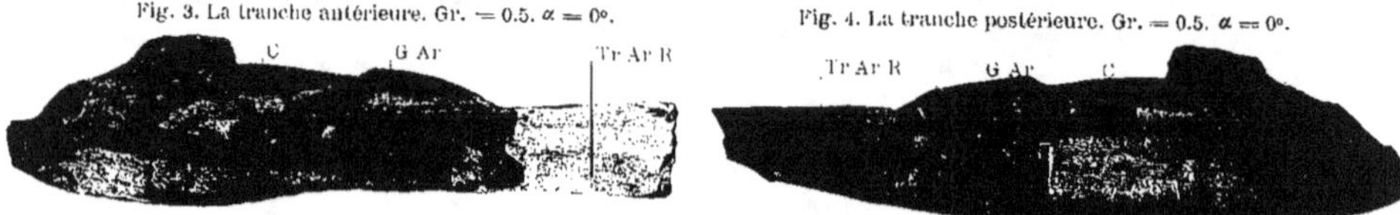

5. 6. 7. Cassures transversales du segment médian du Coprolithe.

Fig. 5. Le Coprolithe est dans ses gaines. Gr. = 1. α = 90° ⟶.

Fig. 6. Le Coprolithe est isolé. Fig. 7. Le Coprolithe est isolé.
Cassure droite. Gr. = 1. α = 60° ⟶. Cassure gauche. Gr. = 1. α = 60° ⟶.

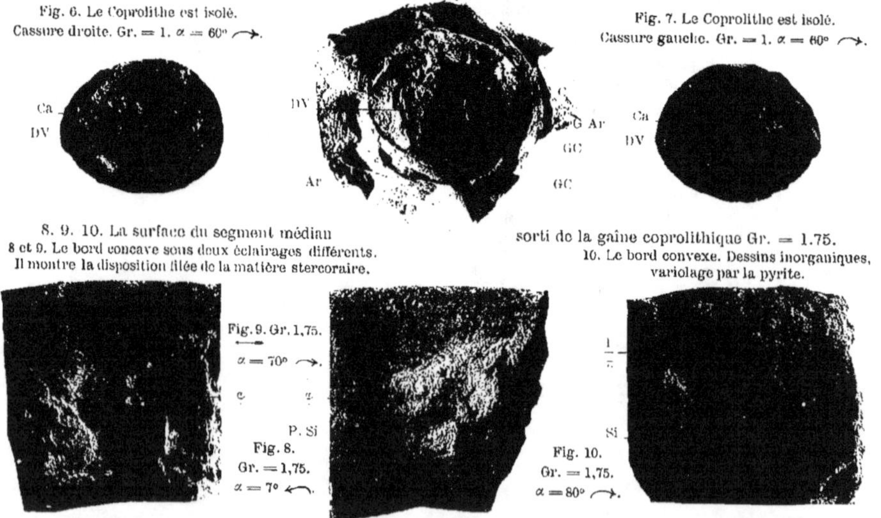

8. 9. 10. La surface du segment médian
8 et 9. Le bord concave sous deux éclairages différents.
Il montre la disposition filée de la matière stercoraire.

sorti de la gaine coprolithique Gr. = 1.75.
10. Le bord convexe. Dessins inorganiques, variolage par la pyrite.

C. Eg. Bertrand. — Les Coprolithes de Bernissart.
Le Coprolithe moyen. Pièce type.

Morphologie du Coprolithe.

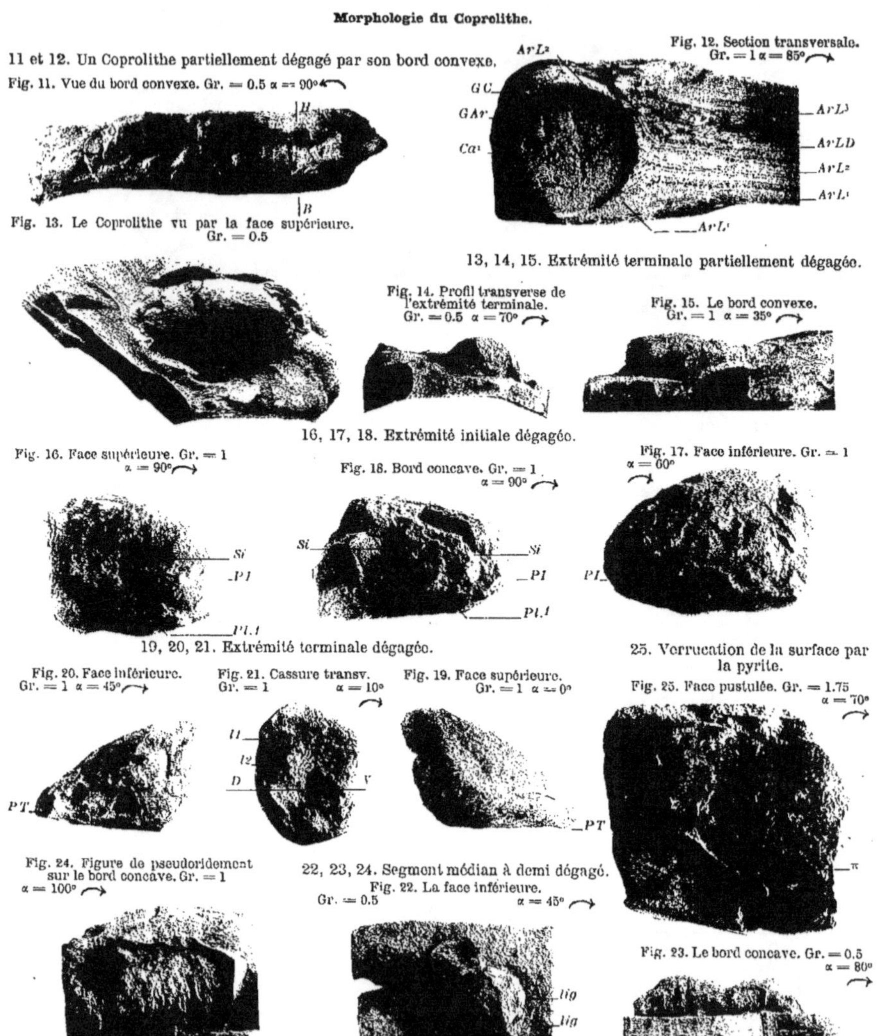

11 et 12. Un Coprolithe partiellement dégagé par son bord convexe.

Fig. 11. Vue du bord convexe. Gr. = 0.5 α = 90°

Fig. 12. Section transversale. Gr. = 1 α = 85°

Fig. 13. Le Coprolithe vu par la face supérieure. Gr. = 0.5

13, 14, 15. Extrémité terminale partiellement dégagée.

Fig. 14. Profil transverse de l'extrémité terminale. Gr. = 0.5 α = 70°

Fig. 15. Le bord convexe. Gr. = 1 α = 35°

16, 17, 18. Extrémité initiale dégagée.

Fig. 16. Face supérieure. Gr. = 1 α = 90°

Fig. 18. Bord concave. Gr. = 1 α = 90°

Fig. 17. Face inférieure. Gr. = 1 α = 60°

19, 20, 21. Extrémité terminale dégagée.

25. Verrucation de la surface par la pyrite.

Fig. 20. Face inférieure. Gr. = 1 α = 45°

Fig. 21. Cassure transv. Gr. = 1 α = 10°

Fig. 19. Face supérieure. Gr. = 1 α = 0°

Fig. 25. Face pustulée. Gr. = 1.75 α = 70°

Fig. 24. Figure de pseudoridement sur le bord concave. Gr. = 1 α = 100°

22, 23, 24. Segment médian à demi dégagé. Fig. 22. La face inférieure. Gr. = 0.5 α = 45°

Fig. 23. Le bord concave. Gr. = 0.5 α = 80°

Phototypie E. Castelain. — L. Lagaert, Brux.

C. Eg. Bertrand. — Les Coprolithes de Bernissart.

Les Coprolithes dominants de taille moyenne.
Un bord. Extrémités. Segment médian. Verrucation.

Morphologie du Coprolithe.

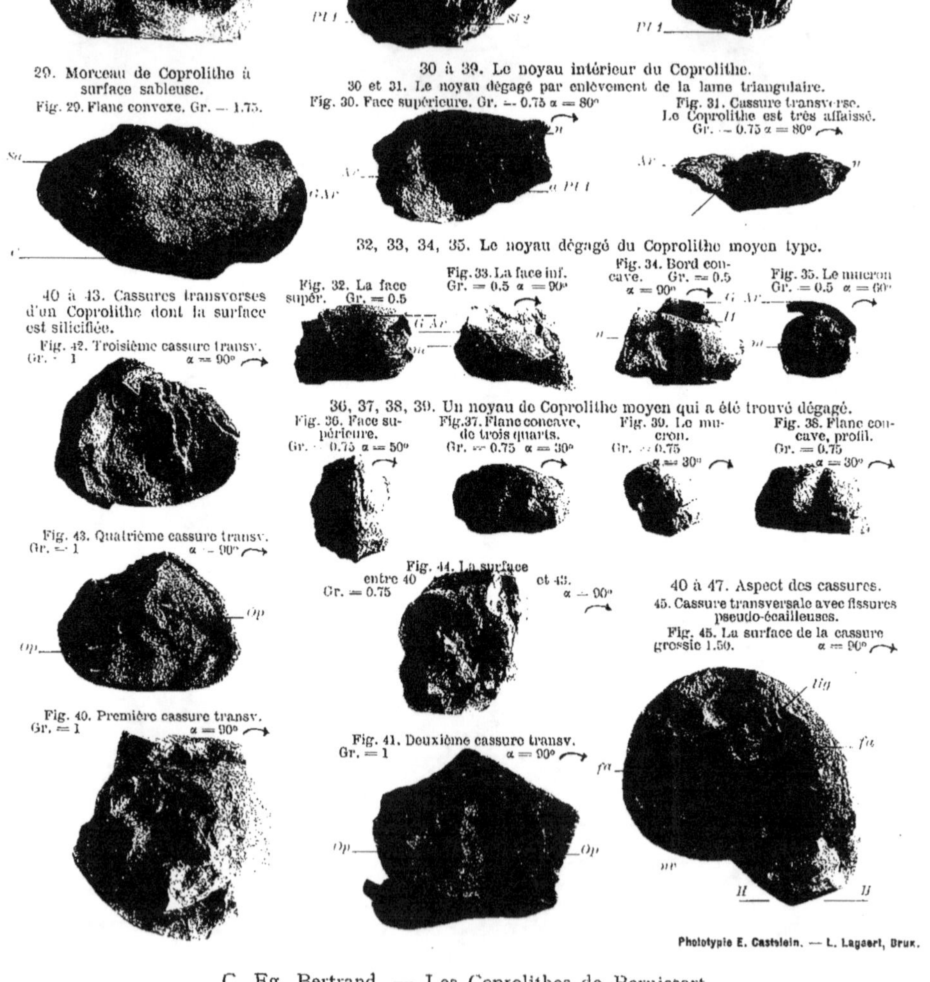

C. Eg. Bertrand. — Les Coprolithes de Bernissart.

Le Coprolithe dominant de taille moyenne.

Sillons. Noyau intérieur. Cassures.

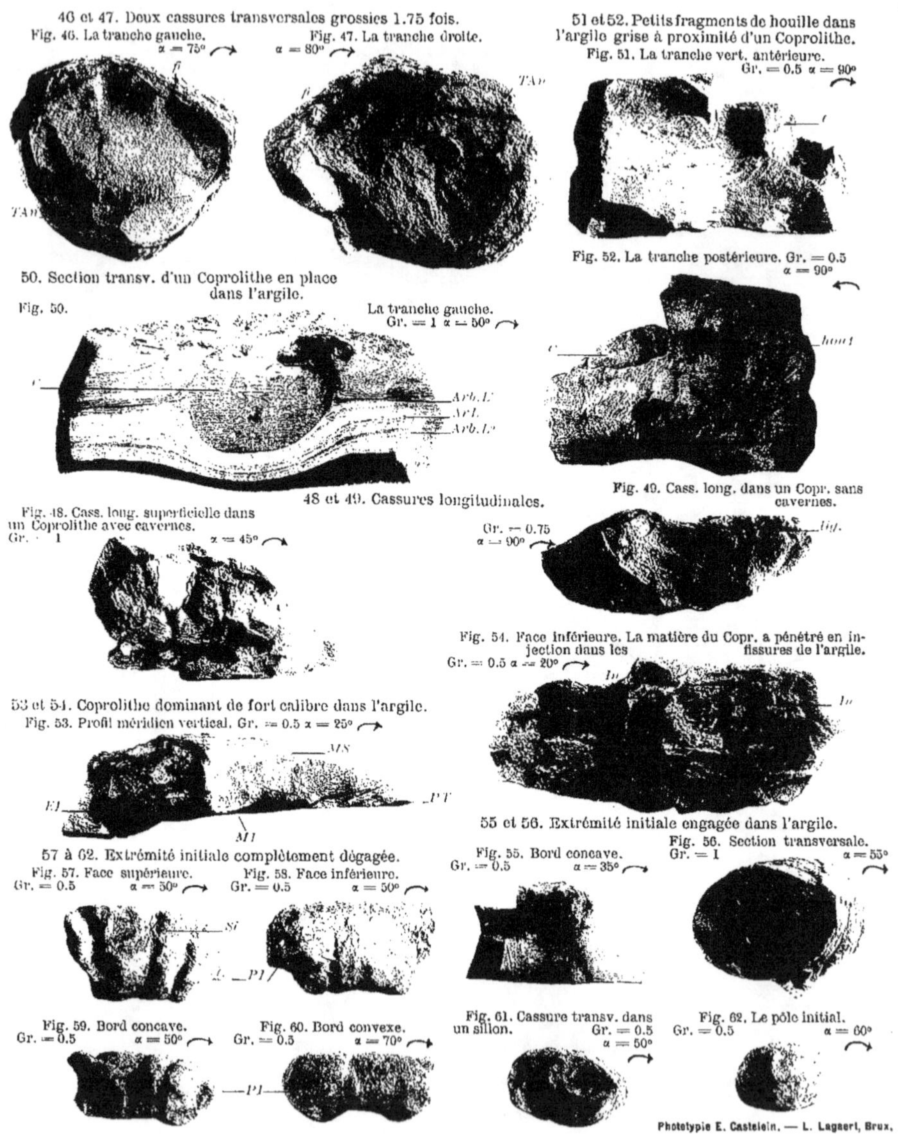

C. Eg. Bertrand. — Les Coprolithes de Bernissart.

Le Coprolithe moyen. Cassures et Section. — Fragments de Houille dans l'argile.

Les Coprolithes de fort calibre. — Pièces types.

Segments courts et disques isolés déposés en stabilité hydrostatique.

63, 64, 65, 66. Un segment court posé sur une génératrice.

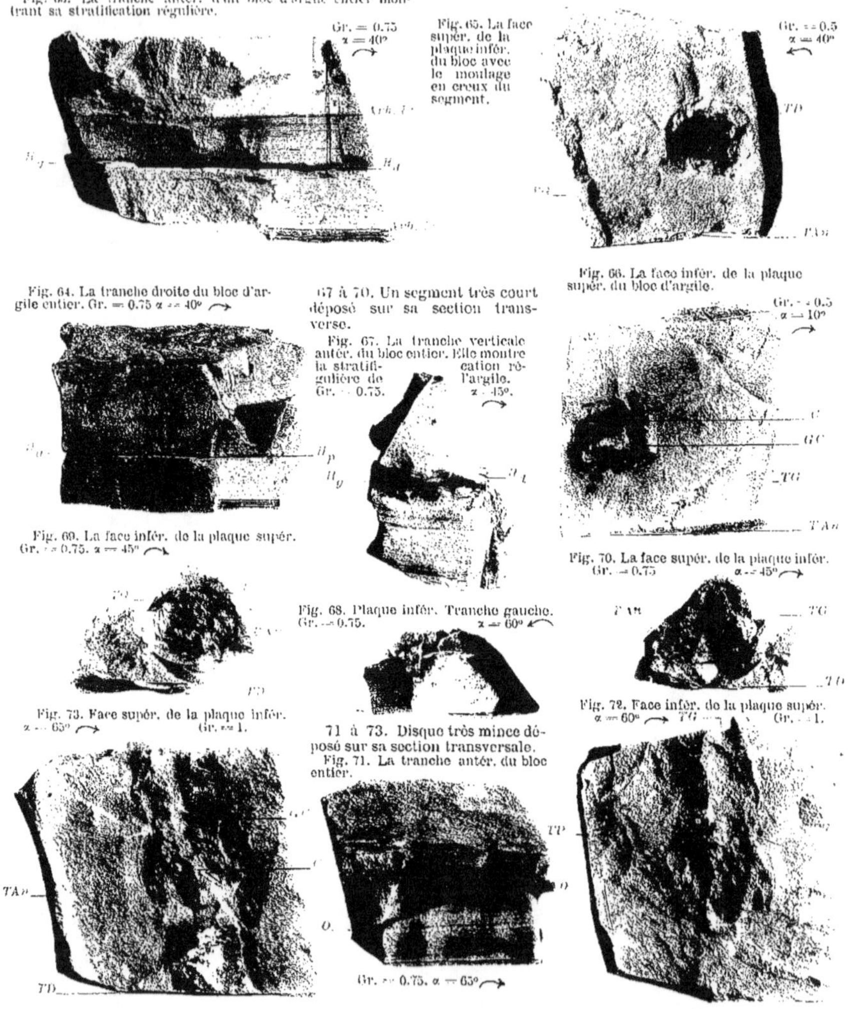

Fig. 63. La tranche antér. d'un bloc d'argile entier montrant sa stratification régulière.

Fig. 65. La face supér. de la plaque infér. du bloc avec le moulage en creux du segment.

Fig. 64. La tranche droite du bloc d'argile entier. Gr. = 0.75 α = 40°

67 à 70. Un segment très court déposé sur sa section transverse.

Fig. 67. La tranche verticale antér. du bloc entier. Elle montre la stratification régulière de l'argile. Gr. = 0.75. α = 45°.

Fig. 66. La face infér. de la plaque supér. du bloc d'argile.

Fig. 69. La face infér. de la plaque supér. Gr. = 0.75. α = 45°

Fig. 68. Plaque infér. Tranche gauche. Gr. = 0.75. α = 60°

Fig. 70. La face supér. de la plaque infér. Gr. = 0.75. α = 45°

Fig. 73. Face supér. de la plaque infér. α = 65° Gr. = 1.

71 à 73. Disque très mince déposé sur sa section transversale.

Fig. 71. La tranche antér. du bloc entier.

Fig. 72. Face infér. de la plaque supér. α = 60° Gr. = 1.

Gr. = 0.75. α = 65°

C. Eg. Bertrand. — Les Coprolithes de Bernissart.

Segments courts et disques isolés dans l'argile.

74 à 79. Un disque mince contenant plusieurs dents de poisson. Les dents ont conservé leurs positions relatives.

Fig. 76. La face fv lorsque la demi-plaque mobile est enlevée. La tranche antérieure est en haut. Gr. = 0.75 α = 65°

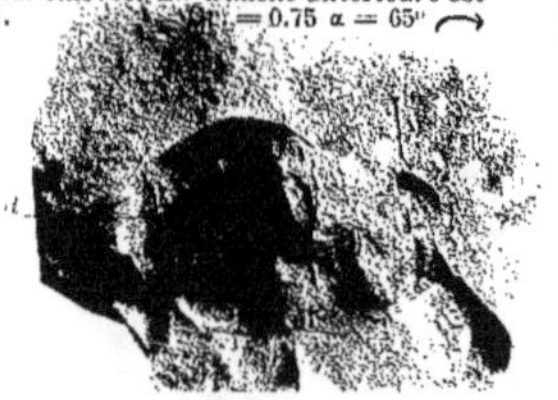

Fig. 74. La tranche antérieure du bloc entier. La face fv est une face inférieure. Gr. = 0.75 α = 55°

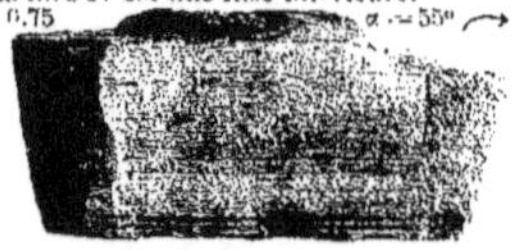

Fig. 79. La face intérieure de la demi-plaque mobile avec le moulage en creux de 4 dents et le pointement d'une cinquième. Gr. = 1.75 α = 60°

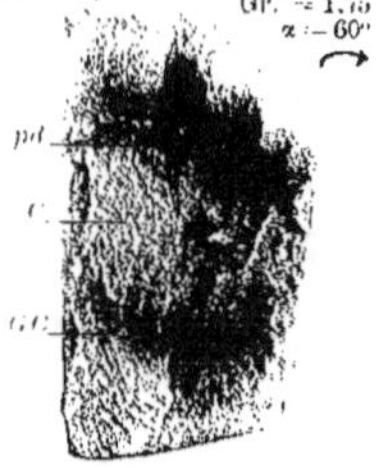

Fig. 75. Le bloc d'argile, vu par la face fv, la demi-plaque mobile étant en place. Gr. = 0.75. α = 45°

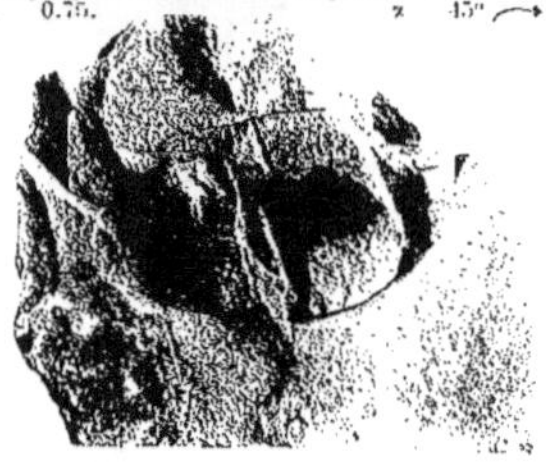

Fig. 77. La face fv lorsque la demi-plaque mobile est enlevée et la tranche antér. en bas. Gr. = 0.75 α = 65°

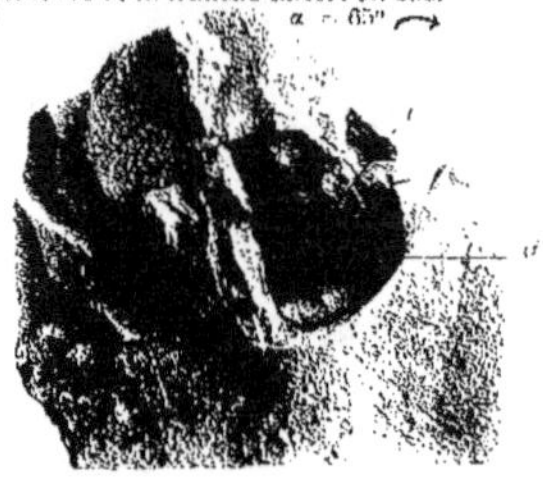

82. Tortillon formant disque.

Fig. 82. La tranche gauche. Gr. = 0.75 α = 60°

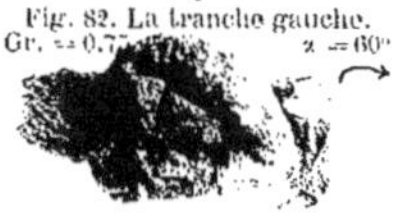

80 et 81. Extrémité initiale d'un Coprolithe moyen avec un fragment d'os de Reptile.

Fig. 78. La partie découverte par enlèvement de la demi-plaque. Gr. = 1.75 α = 60°

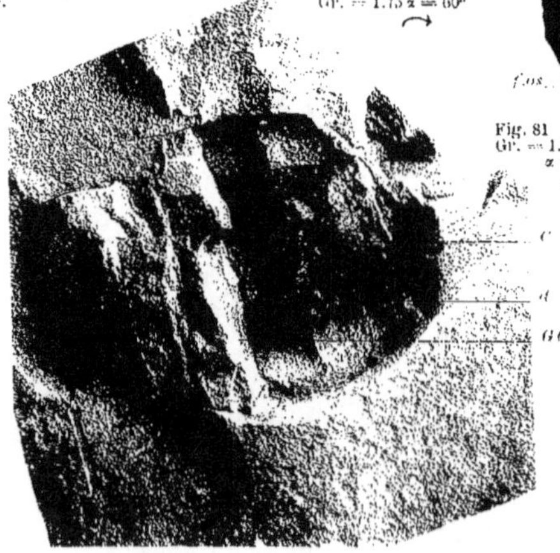

Fig. 81 Gr. = 1.75 α = 75°

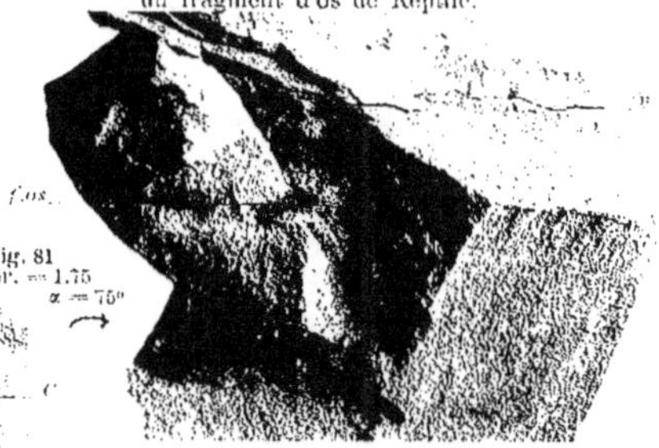

Fig. 80. L'échantillon entier, vu par l'arête antéro-supérieure. Gr. 0.75 α = 75°

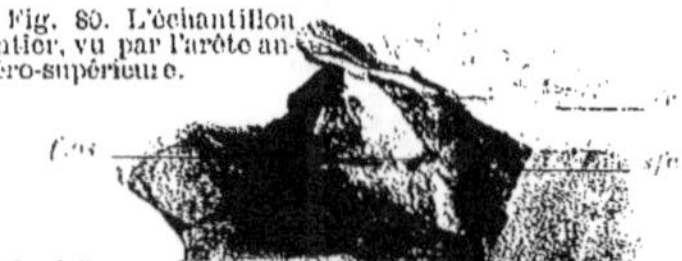

Phototypie E. Castelein. — L. Lagaert, Brux.

C. Eg. Bertrand. — Les Coprolithes de Bernissart.

Coprolithes dominants contenant des fragments osseux macroscopiques.

83 à 88. Un très gros Coprolithe entier dans sa gaîne.

Fig. 83. La face supérieure. Gr. = 0.5 α = 60°   Fig. 84. La face inférieure. Gr. = 0.5 α = 45°

Fig. 85. Le bord concave. Gr. 0.5 α = 60°   Fig. 86. Le bord convexe. Gr. = 0.5 α = 60°

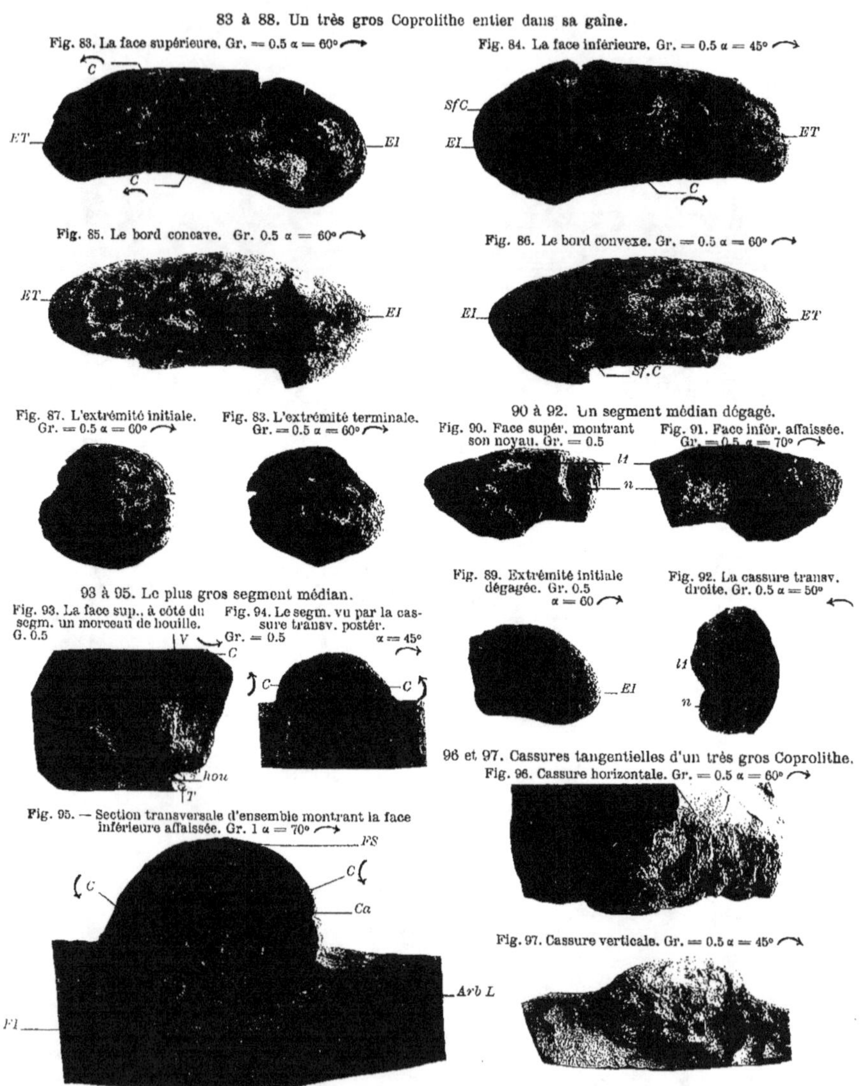

Fig. 87. L'extrémité initiale.   Fig. 88. L'extrémité terminale.
Gr. = 0.5 α = 60°   Gr. = 0.5 α = 60°

90 à 92. Un segment médian dégagé.

Fig. 90. Face supér. montrant   Fig. 91. Face infér. affaissée.
son noyau. Gr. = 0.5   Gr. = 0.5 α = 70°

93 à 95. Le plus gros segment médian.

Fig. 93. La face sup., à côté du   Fig. 94. Le segm. vu par la cas-
segm. un morceau de houille.   sure transv. postér.
G. 0.5   Gr. = 0.5   α = 45°

Fig. 89. Extrémité initiale   Fig. 92. La cassure transv.
dégagée. Gr. 0.5   droite. Gr. 0.5 α = 50°
α = 60

Fig. 95. — Section transversale d'ensemble montrant la face
inférieure affaissée. Gr. 1 α = 70°

96 et 97. Cassures tangentielles d'un très gros Coprolithe.
Fig. 96. Cassure horizontale. Gr. = 0.5 α = 60°

Fig. 97. Cassure verticale. Gr. = 0.5 α = 45°

C. Eg. Bertrand. — Les Coprolithes de Bernissart.
Les Coprolithes dominants de très grande taille
Le Coprolithe entier. Extrémité initiale. Segments. Cassures.

98 à 100. Peau de poisson reposant sur un gros Coprolithe

Fig. 100. Une bande horizontale de cette peau. On voit les écailles, la structure de celles-ci et le moulage des arêtes.

Gr. 3

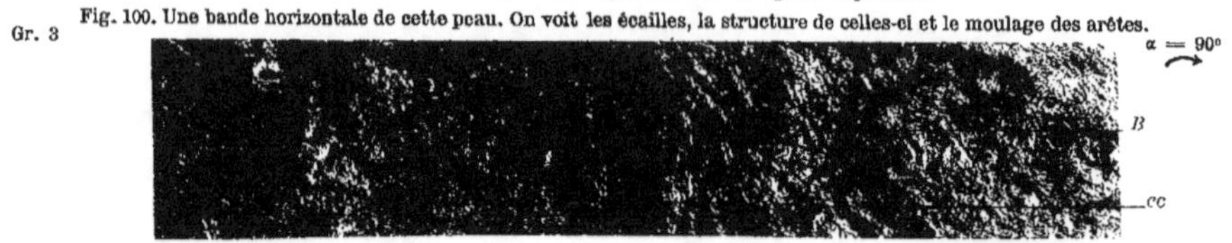

Fig. 98B. Le flanc convexe de la face supérieure, le méridien supérieur étant en bas.
Gr. = 1 α = 60°

Fig. 99. Une partie de la peau prise en A.
Gr. = 3 α = 9°

Fig. 98A. La cassure transversale oblique du Coprolithe. Gr. = 0.5
α = 60°

101 à 104. Un segment médian de très gros Coprolithe planté obliquement à côté d'un bloc d'argile noire chargée de bouts de lignite et de grains de houille.
Gr. = 0.5

Fig. 101. La tranche gauche du bloc 26 R. avec l'argile noire affleurante. α = 70°

Fig. 103. La face du bloc 25 R. qui se raccorde à la fig. 102 face fv. α 80°

Fig. 104. La face opposée du bloc 25 R. face nv. α = 35°

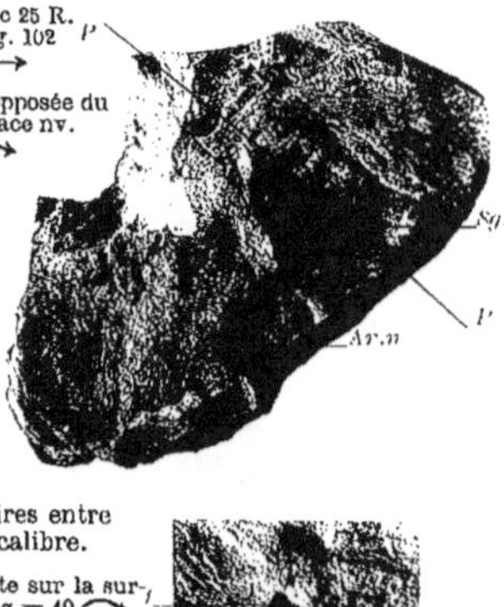

Fig. 102. La tranche antér. du bloc 26 R. avec le segment et le fragment d'argile noire plantés dans leur position de dépôt. α = 70°

105 à 108. Un des Coprol. intermédiaires entre les très gros Coprol. et ceux de fort calibre.

Fig. 107. Une lame de lignite sur la surface du Coprol. Gr. = 1.5 α = 40°

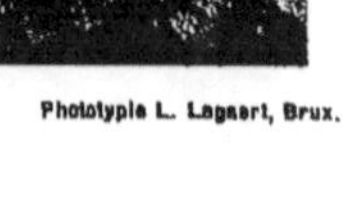

Fig. 105. La face supérieure. Gr. = 0.5 α = 70°

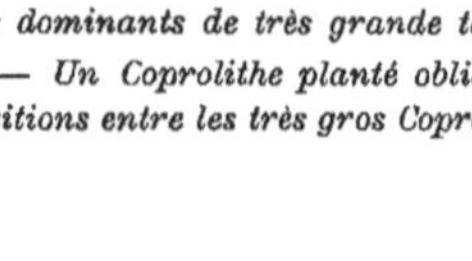

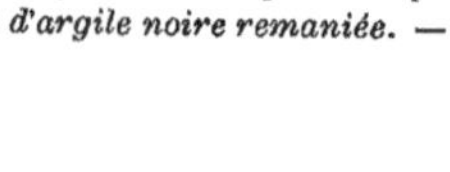

Fig. 108. Un bout de lignite dans le Coprol. Gr. = 1.5 α = 80°

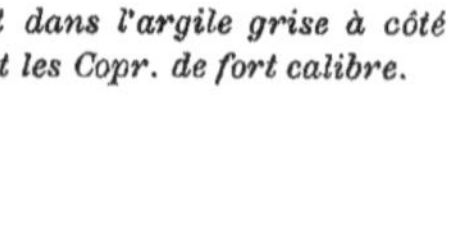

Fig. 106. Profil du bord concave. α = 60°
Gr. = 0.5

C. Eg. Bertrand. — Les Coprolithes de Bernissart.

Les Coprolithes dominants de très grande taille

Un Coprolithe portant une peau de poisson. — Un Coprolithe planté obliquement dans l'argile grise à côté d'un bloc d'argile noire remaniée. — Transitions entre les très gros Coprolithes et les Copr. de fort calibre.

Fin des Coprolithes intermédiaires entre les très gros Coprolithes et les Coprolithes de fort calibre.

Fig. 110. La cassure transv.   Gr. 2
$\alpha = 50°$

Fig. 109. La cassure transv. d'un segm. méd. en place dans l'argile. Gr. = 0.5 $\alpha = 70°$

Fig. 111. La face infér. du Copr. couverte de sable. Gr.=1 $\alpha=70°$

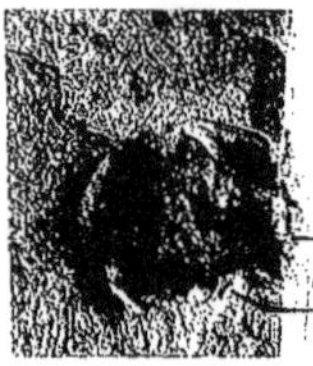

Fig. 112. Cassure transvers. d'un très gros Copr. très ferrifié. Gr. = 1 $\alpha = 80°$

Les Coprolithes de petite taille.
Fig. 113. Un Coprol. court de fort calibre. Gr. 0.5. $\alpha = 75°$

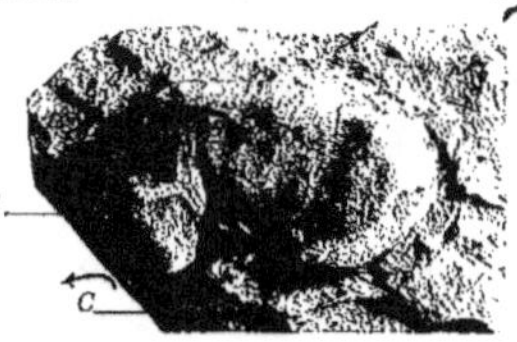

116, 117. Un Coprolithe lacrymorphe.
Fig. 116. Un Coprol. lacrym. vu par sa face supér. Gr. 0.5
$\alpha = 80°$

Et

C

Fig. 115. Profil longitudinal droit. Gr. = 0.5 $\alpha = 50°$

114, 115. Coprolithes moyens courts.
Fig. 114. Un Coprol. moyen court vu par dessus. Gr. 0.5 $\alpha = 80°$

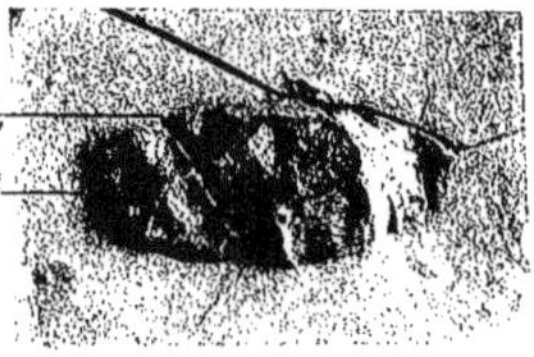

C

Et

Et

C

Fig. 117. Profil vert. de l'extrém. termin. d'un Copr. lacrym. G.=0.5
$\alpha = 60°$

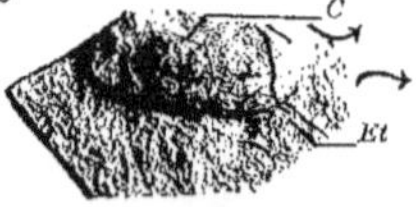

118 à 120. Cop. court enroulé en tortillon.
Fig. 118. La tranche postérieure. Gr. 0.75
$\alpha = 75°$

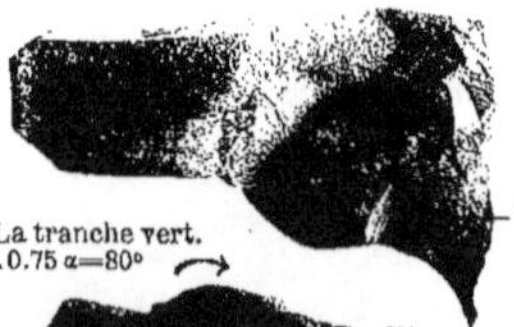

121, 122. Très petit Coprolithe
Fig. 121. Le Copr. vu par la face sup. Gr. 0.5
$\alpha = 85°$

C

Et

Fig. 122. Cass. horiz. Gr. 3 $\alpha = 90°$

Fig. 119. La tranche vert. droite. G. 0.75 $\alpha=80°$

Si

Fig. 120. La face infér. du tortillon. Gr. 0.75
$\alpha = 80°$ Sit

Et

Ei

Ei

Et

GC

Ei

C. Eg. Bertrand. — Les Coprolithes de Bernissart.

Fin des très gros Coprolithes.
Les Coprolithes dominants de petite taille.

Fig. 123. Un secteur de la section transversale
48 V, Tr. 2. Gr. = 5

**Ensemble des coupes microsco-
piques. — Le réseau limonitique.**

Fig. 124. Une partie de la section méridienne horizontale. Gr. = 5

Fig. 130. Trou bordé de limonite
Gr.   125

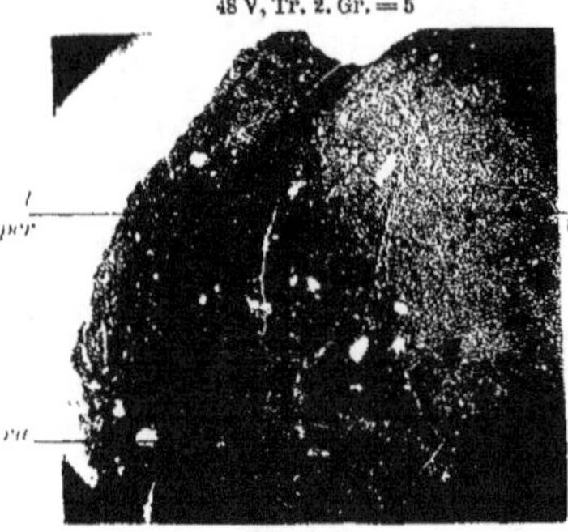

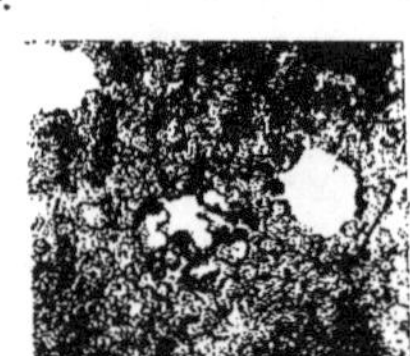

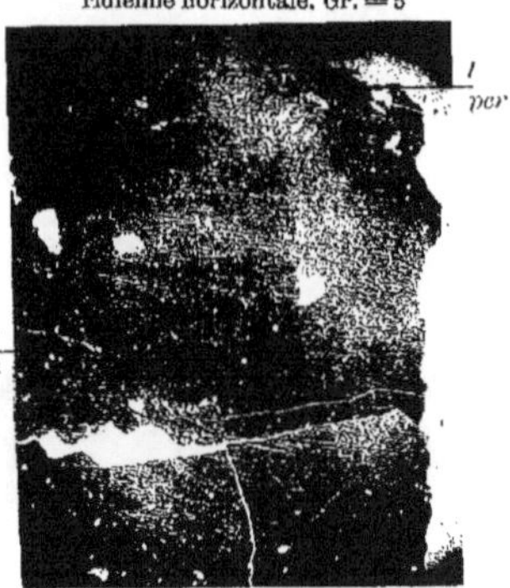

125 et 126. Opposition des
régions grisaillées translucides et
des régions transparentes.

Fig. 125. La région superficielle transparente opposée à la partie grisaillée
intérieure sur une sect. mérid. ver.
Gr. 19

127 et 128. Le grisaillement ou trouble est dû à des
dessins tardifs produits par un dépôt de limonite.

Fig. 127. Le réseau dessiné par la limonite. Gr. 125

Fig. 126. Une région intérieure transparente opposée à la partie grisaillée entourante sur une section transv. Gr. 19

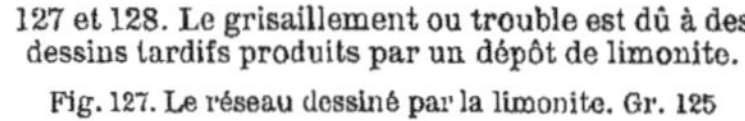

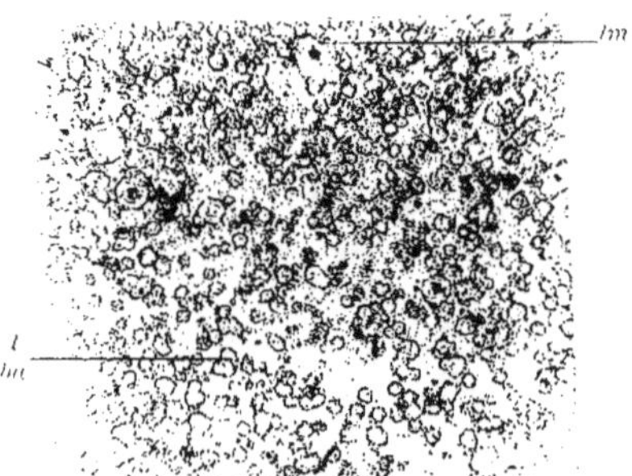

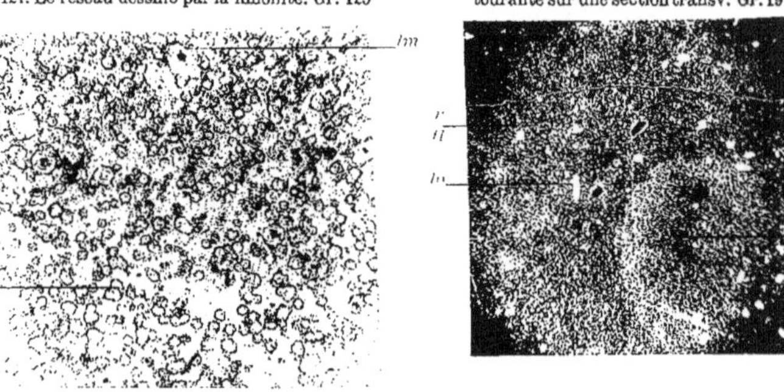

Fig. 128. Le réseau limonitique près de la
lame transparente superfic.
Gr. = 125

Fig. 131. La matière enfermée dans les ballonnets
est plus jaune et moins altérée que celle qui est
entre les ballonets. Gr. = 212.

129 et 130. Les trous bordés par
la limonite.

Fig. 129. Un trou rempli de ballonnets et
un autre trou en prépar. Gr. 125

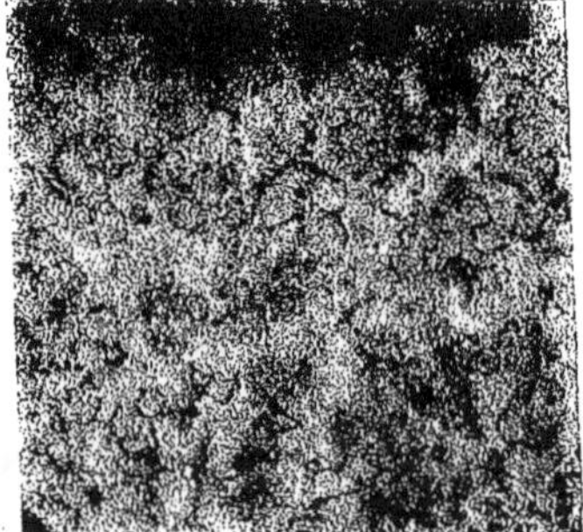

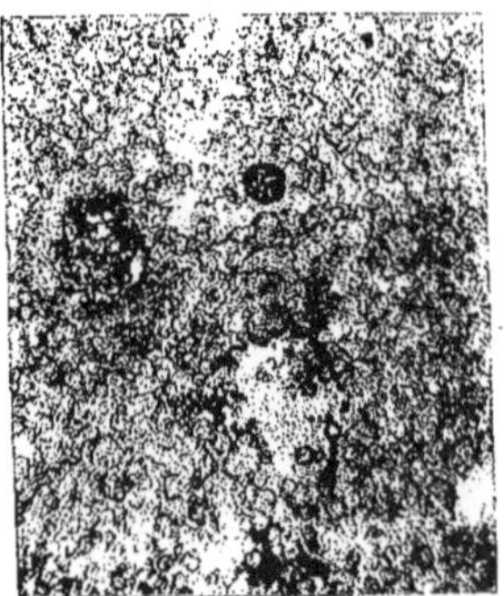

C. Eg. Bertrand. — Les Coprolithes de Bernissart.

Structure des Coprolithes dominants dans leur état ordinaire de conservation.
Les figures en ballonnets produites par la limonite.

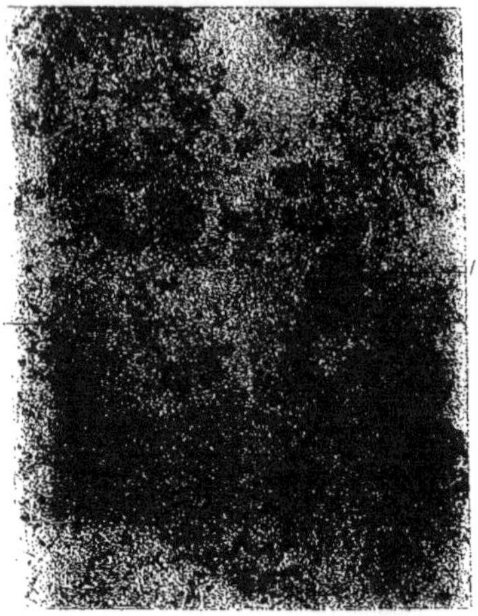

Les corps figurés trouvés dans la pâte.

Fig. 132. Un fragment grisâtre craquelé dans une région avec ballonets de limonite. Section transversale. 24 J. Tr. 1. Gr. = 350

132 à 137. Les corps grisâtres homogènes. On établira que ce sont des fragm. de fibres musc. striées.

Fig. 133. Un fragm. grisât. dans une région où la struct. de la pâte est soulignée par de l'air. Gr. = 212

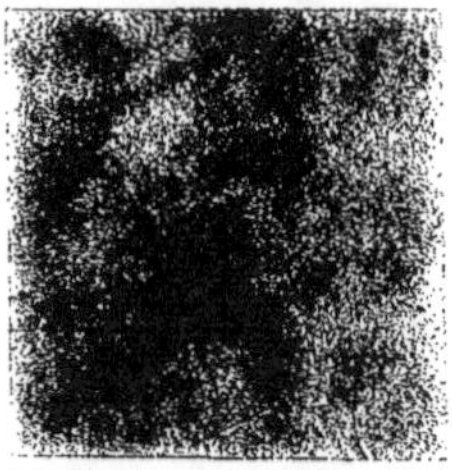

Fig. 137. Une partie de la fig. 136 où les corps grisâtres très nombreux sont très visibles. Gr. = 40

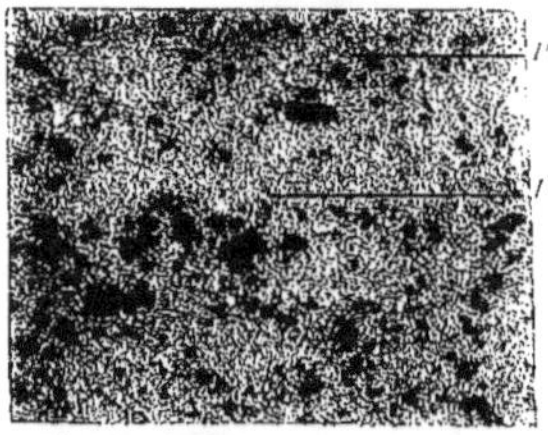

138 à 141. Fragments osseux.

Fig. 138. Un secteur transverse avec un fragment d'os caverneux. Gr. = 5

136 et 137. Une portion d'une sect. transv. très chargée de fragm. grisâtres.

Fig. 136. Ensemble. Gr. = 10

134 et 135. Degré de visibilité des fragm. grisât.

Fig. 134. Un fragm. gris. dans une rég. très mince. Gr. = 212

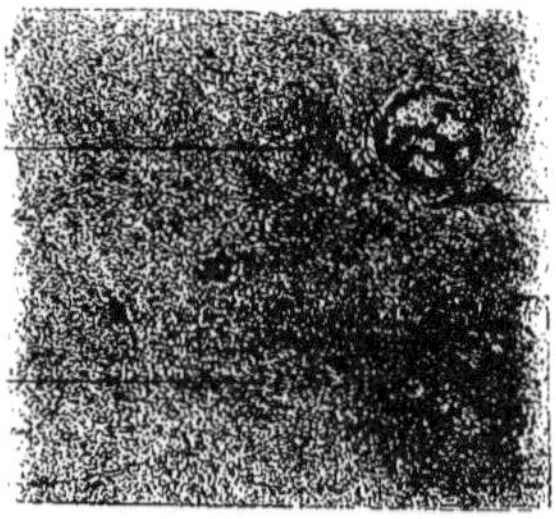

Fig. 135. Frag. gris. dans une rég. charg. de pyr. Gr. = 115

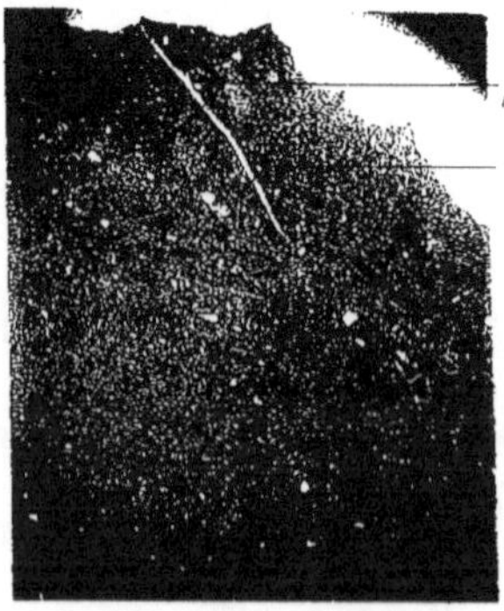

Fig. 143. La section longitud. de la membrane conjonctive. Gr. = 72

Fig. 140. Lame osseuse à canalicules non corrodés. Gr. 55

Fig. 139. L'os caverneux.

Fig. 142. Sect. transv. montrant une lame conjonctive et un bout de lignite. = Gr. 9

Voir fig. 138. Gr. = 17

Fig. 141. La lame osseuse. Fig. 126.

Gr. = 110

C. Eg. Bertrand. — Les Coprolithes de Bernissart.

La structure des Coprolithes dominants.
Les corps figurés encore visibles.

Fig. 144. Le bout de lignite de la fig. 142. Gr. = 31

Fig. 145. Un bout de lignite de la section. 74 J. RII3. Gr. = 20

Suite et fin des corps figurés.

Fig. 146. Une plage avec fibres musc. près du bout de lign. Fig. 145 et au même grossissem. 20.

Fig. 147. Pseudo-tissu fait par la limonite.

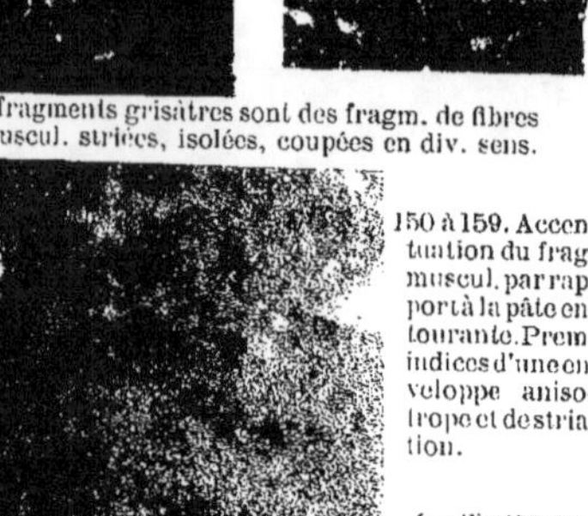

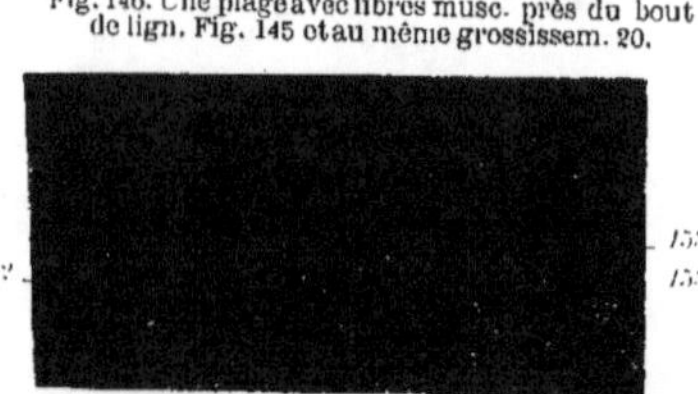

148 et 149. La structure tourbillonnaire soulignée par la pyrite.
Fig. 148. Sur la coupe trans. 26 J. Tr. I Gr. 4,5

Fig. 149. Sur la coupe mer. hor. 26 J. RII3. Gr. 4,5

Les fragments grisâtres sont des fragm. de fibres muscul. striées, isolées, coupées en div. sens.

150 à 159. Accentuation du frag. muscul. par rapport à la pâte entourante. Prem. indices d'une enveloppe anisotrope et de striation.

← Fig. 150. Gr. = 172

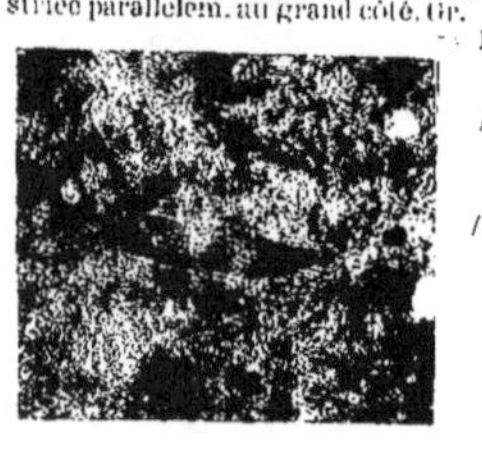

Fig. 153. Une fibre coupée obliquem. et une fibre coupée transv. Gr. = 95

Fig. 156. L'enveloppe anisotrope entoure la masse (plasmique?) centrale. Gr. = 95

Fig. 151. Coupe oblique piquetée et striée parallelem. au grand côté. Gr. = 115

Fig. 152. Une fibre coupée obliquem. striation parallèle aux grands côtés. Gr. = 95. Voir fig. 146.

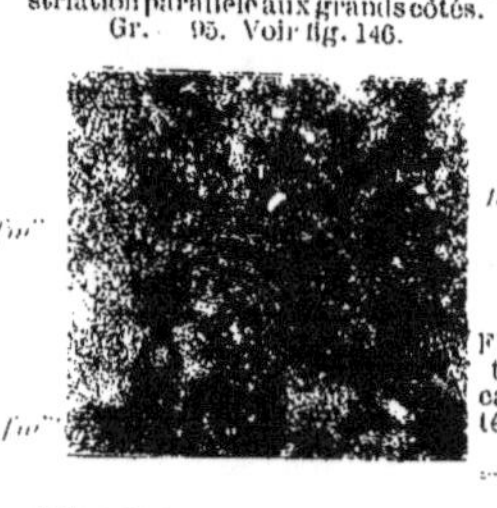

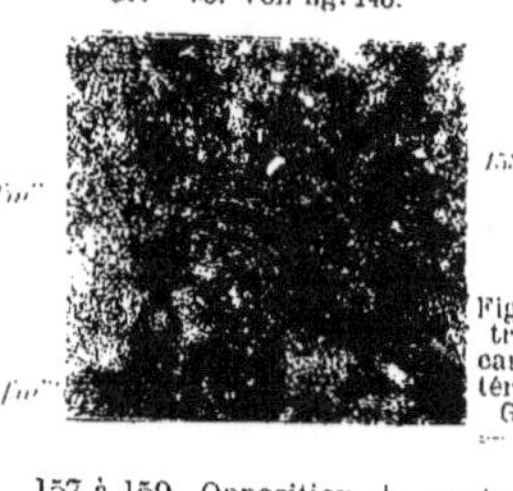

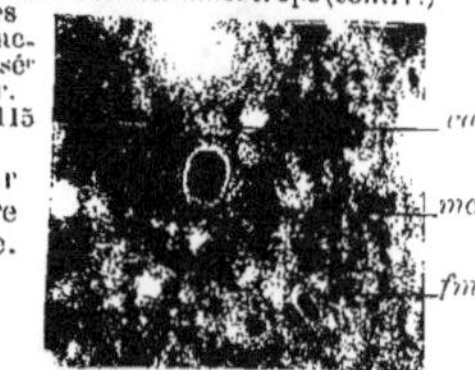

Fig. 157. L'envel. anisotrope (contr.?) très caractérisé. Gr. = 115

Fig. 154. Coupe oblique montr. la striation parall. au grand côté. Gr. = 115

157 à 159. Opposition du contour jaune (contract?) anisotrope de la fibre et de sa région intérieure rouge brun isotrope.

Fig. 158. L'enveloppe anisotrope entoure une masse centrale craquelée par le retrait. Gr. = 115

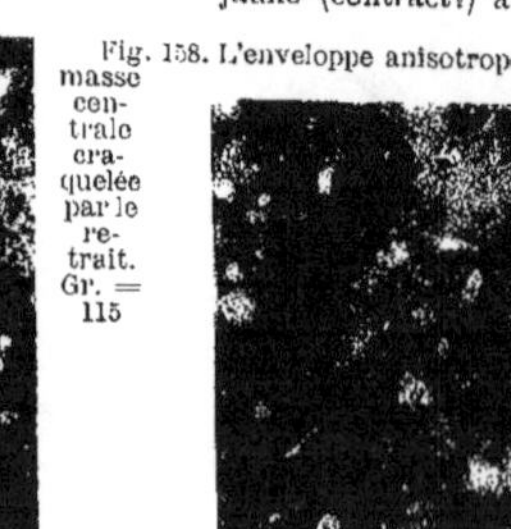

Fig. 155. Premier indice de différenci de l'enveloppe anisotrope. Gr. = 95

masse (plasmique?) n'est pas fragmentée. Gr. = 115

Fig. 159. Un morc. de fibre où la

G. Eg. Bertrand. — Les Coprolithes de Bernissart.

*Suite et fin des corps figurés. Pseudo-tissus. Structure tourbillonnaire soulignée par la pyrite.
Individualisation des fragments de fibres striées par rapport à la pâte voisine dans les Coprolithes dominants les mieux conservés.*

Fig. 160. Une fibre dont la surface est striée. Gr. = 212

160 à 161. La striation de la fibre musculaire.

Fig. 162. Coupe tangentielle sur un angle d'une fibre striée. Gr. = 212

Fig. 161. Fibres dont la surface est striée. Celle de gauche est attaquée suivant la striation. Gr. = 212

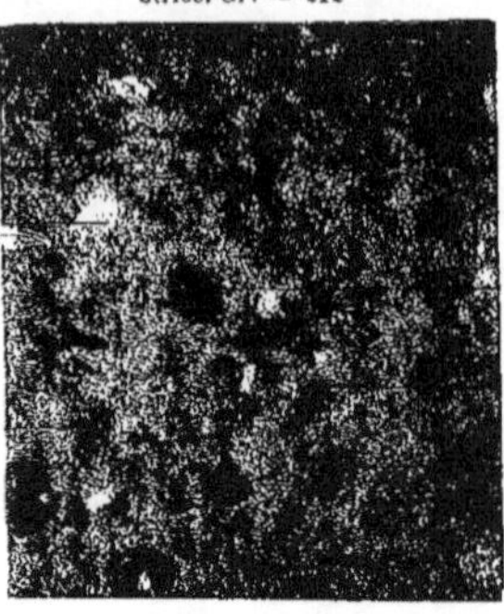

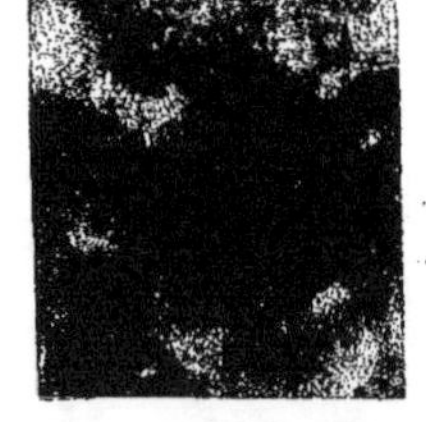

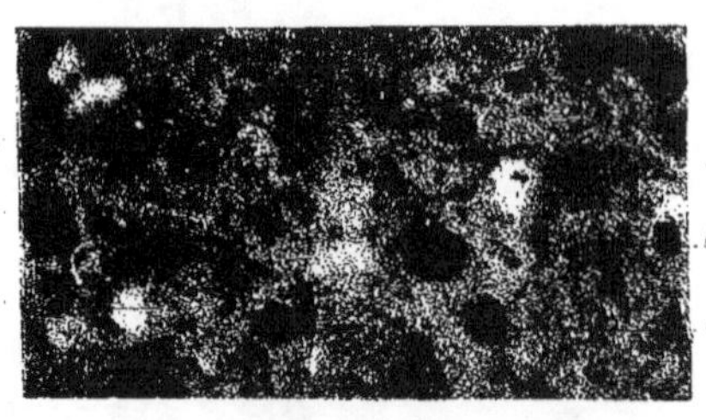

163 à 167. Attaque et écroulement de la fibre musculaire striée.

Fig. 163. Une fibre présentant q. q. points d'attaque. Gr. = 212

Fig. 165. Trous ponctiformes et taraudages en hélice. Gr. = 212

Fig. 164. Nombreux trous ponctiformes. Gr. = 115

Fig. 166. Autre exemple de taraudages dans une fibre. Gr. = 115

Fig. 166bis. Trous très nombreux déterminant l'écroulement de la fibre. Gr. = 115

La pâte fécale est chargée de cellules bactériennes

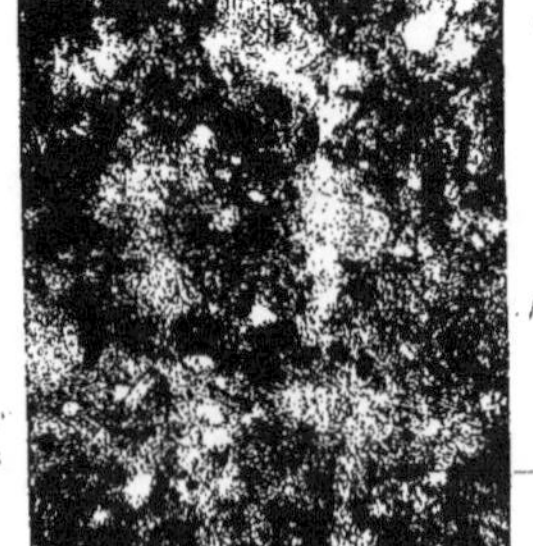

Fig. 168. Coupe mér. hor. de la pâte fécale dans une région très mince complétement injectée par le médium durcissant. Elle montre bien la différenciation qui y subsiste, fibres musc., capsules, coupes d'éléments bactériens. Gr. = 406

Fig. 167. Les fibres musc. écroulées mêlées aux corps qui les attaquent, au mucus et aux parties liquifiées donnent la pâte fécale.

C. Eg. Bertrand. — Les Coprolithes de Bernissart.

La striation de la fibre musculaire. — L'attaque et l'écroulement de ces fibres.
La pâte fécale est chargée de cellules bactériennes.

Fig. 171. Chaque point de la pâte est une cellule bactérienne injectée ou soulignée par de l'air. Gr. = 406

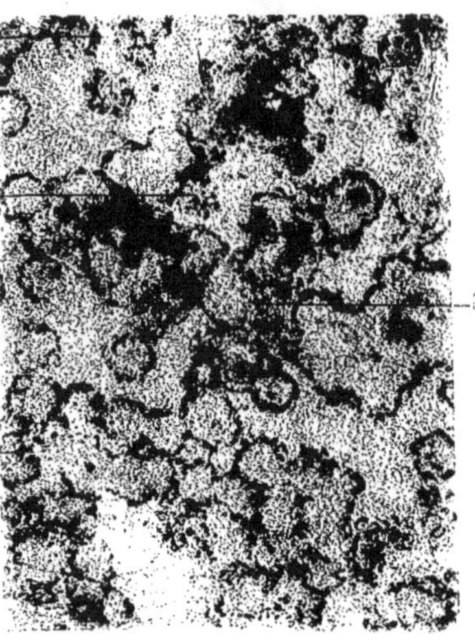

Fig. 172. Une région de la pâte où quelques points sont résolubles en éléments bactériens. Gr. 328

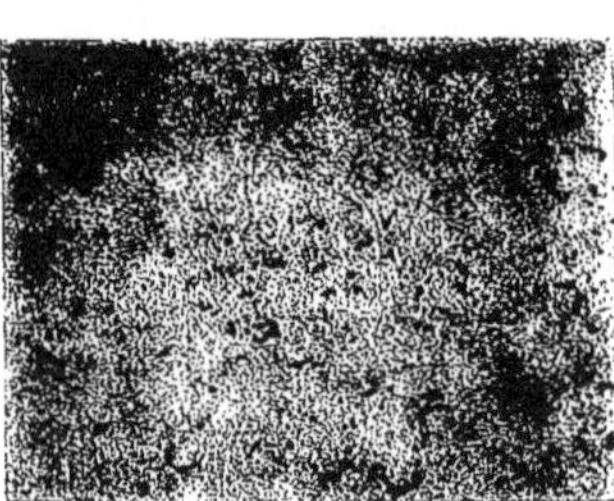

Fig. 176. Les éléments bactériens fossiles sont semblables à ceux du Bacillus Coli. Gr. 370

169 à 173 et fig. 168. Les points de la pâte se résolvent en cellules bactériennes.

Fig. 169. Le picotis résoluble en points dont l'ensemble rappelle les nuages bactériens des fèces quaternaires et actuels. Gr. = 212

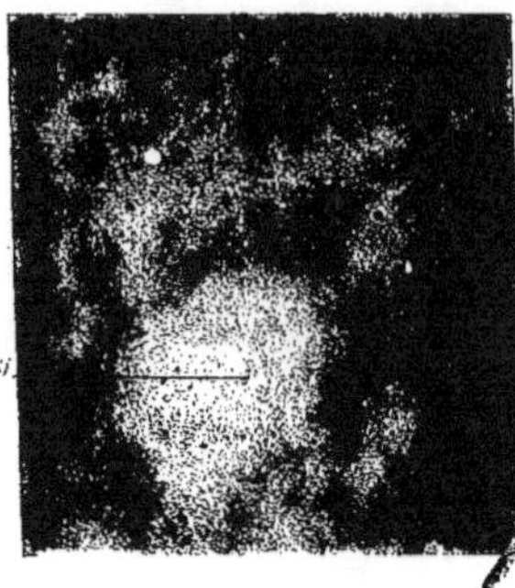

Fig. 173. Craquelures dans la pâte fécale. Gr. = 65

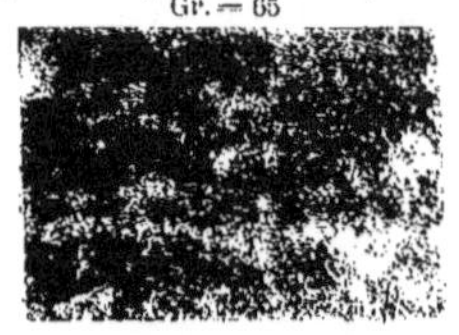

Fig. 174. La pâte fécale avec son picotis partiellem. injecté et partiellem. souligné par de l'air. Section transversale. Gr. = 212

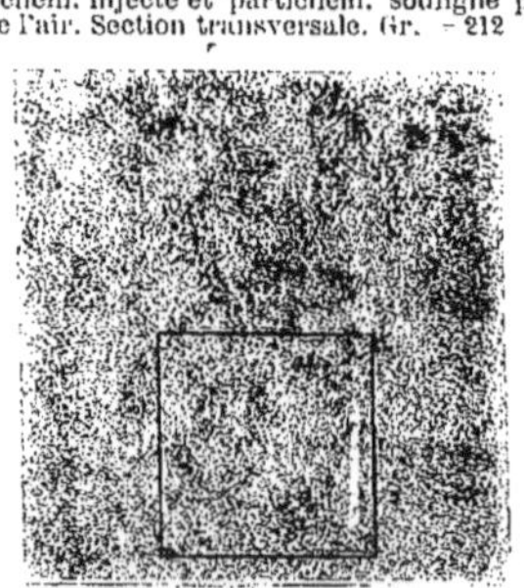

177 et 178. Fragments osseux trouvés dans la pâte.

Les canalicules osseux ont été corrodés par le suc gastrique très acide.

Fig. 177. Un fragment d'os. Gr. = 100

Fig. 170, Les éléments bactériens de la pâte sont soulignés par une enveloppe de limonite. Gr. = 406

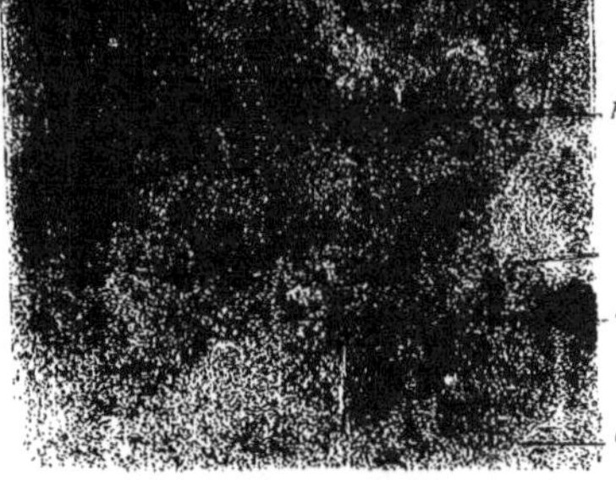

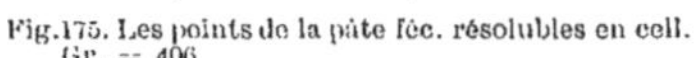

174 à 179. Termes de comparaison tiré d'un Coprolithe quaternaire de Hyena crocuta.

Fig. 175. Les points de la pâte féc. résolubles en cell. Gr. = 406

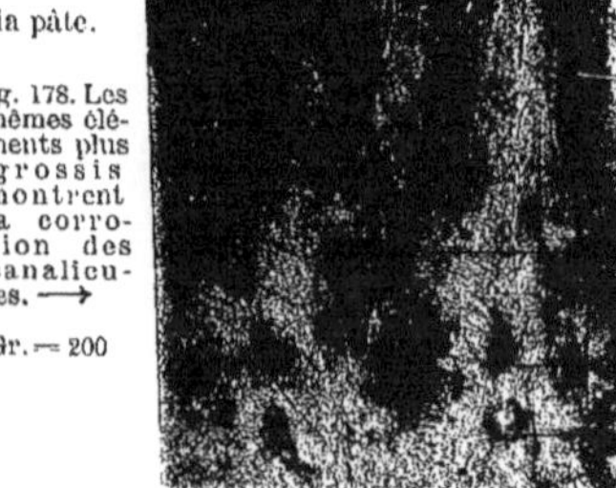

Fig. 178. Les mêmes éléments plus grossis montrent la corrosion des canalicules. Gr. = 200

C. Eg. Bertrand. — Les Coprolithes de Bernissart.

Les points de la pâte fécale sont des cellules bactériennes.
Termes de comparaison fournis par un Coprolithe quaternaire de Hyena crocuta.

Fig. 179. Les fractures de la pâte.
Les trous à limonite massive.
Gr. 60

Termes de comparaison tirés du Coprol. quat. de Hyena crocuta et du Bacillus Coli.

Fig. 180 Gr. 212   Le Bacillus Coli en culture pure très étalée à sec.   Fig. 181. Gr. 406

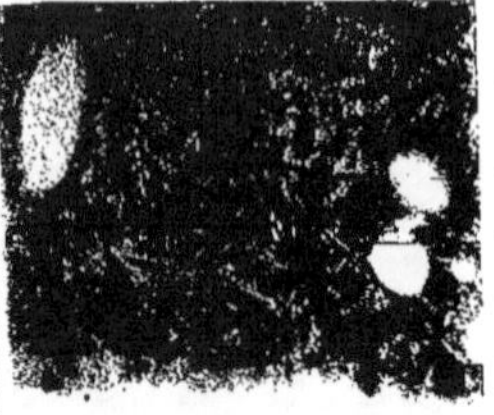

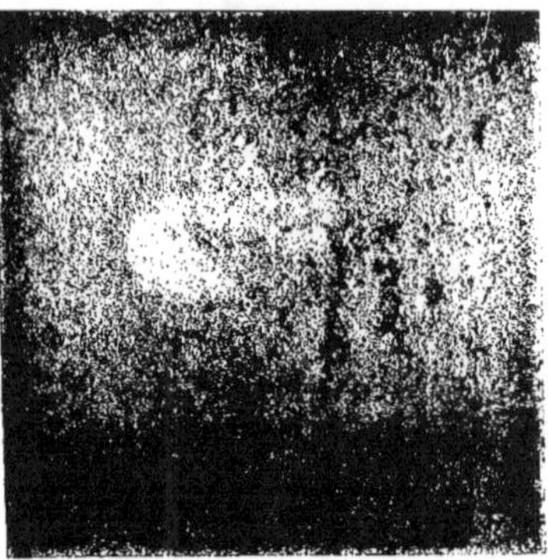

183 à 186. Structure de la gaine
d'enrobement.

Fig. 184. Le réseau pseudocellulaire à noyaux
produit par le retrait. Gr. 106

Fig. 182. Effacement de la structure
de la pâte dans la région silicifiée.
Gr. 96

187 à 189. L'argile grise et ses corps bactériformes.

Fig. 187. Coupe verticale de l'argile grise montrant
sa stratification, ses coupures spontanées et une
lamelle d'argile très brune. Gr. 5

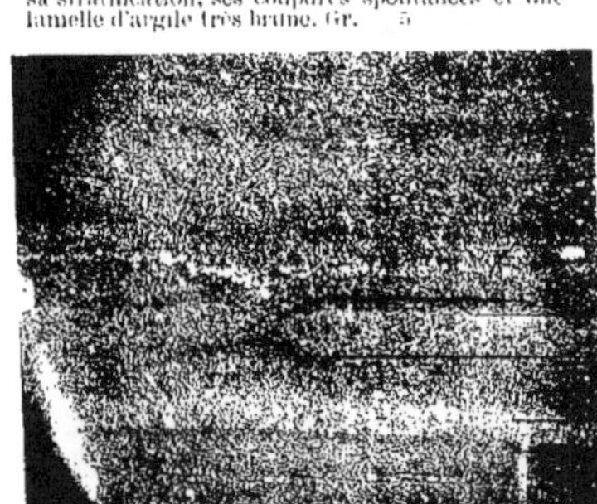

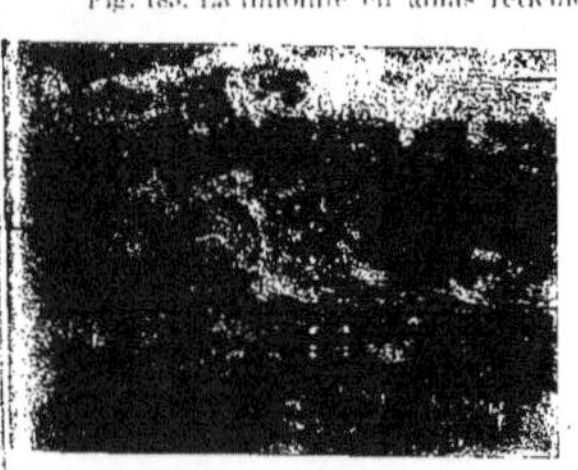

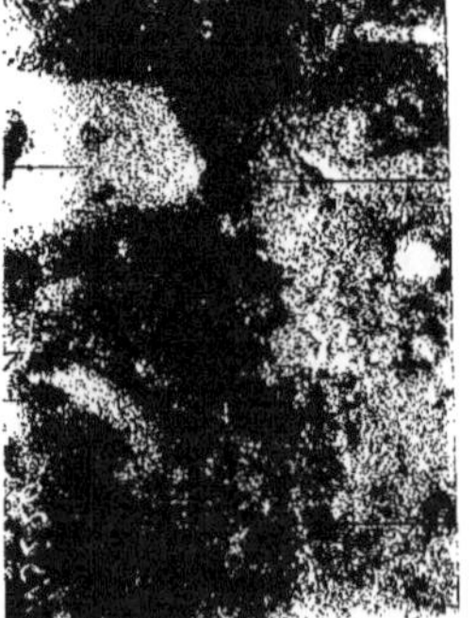

Fig. 189. Section horizont. de l'argile
grise montrant ses corps bactériformes.   Gr. 406

Fig. 185. La limonite en amas réticulés.
Gr. 115

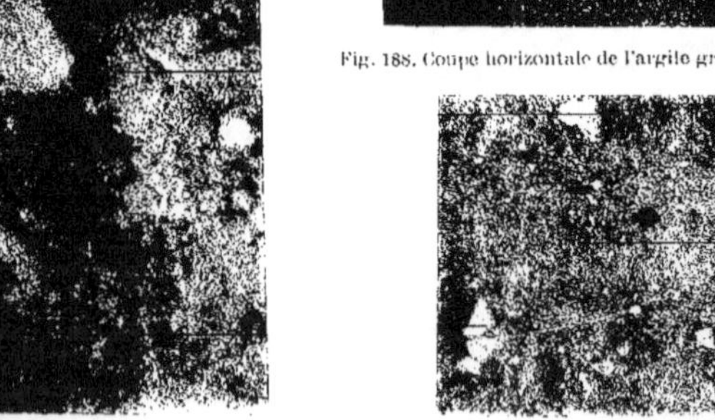

Fig. 188. Coupe horizontale de l'argile grise. Gr. 212

Fig. 186. L'argile grise raréfiée se chargeant de limonite bullaire. Gr. 212

Fig. 183. Sect. vert. trans.
de la gaine d'enrobem.
Gr. 2

190 et 191. Le petit Coprolithe isolé du bloc de l'Iguan. 1z.
Fig. 190. Face supérieure.   Fig. 191. Bord concave.
Gr. 0.5   Gr. 0.5

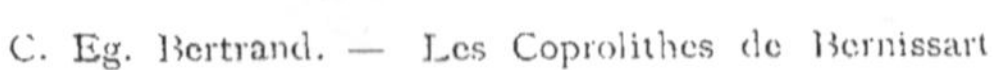

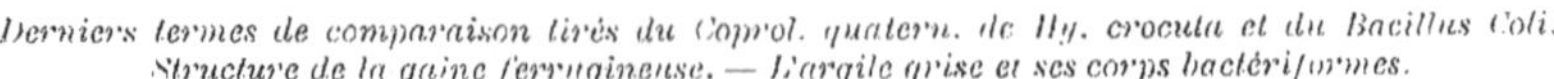

C. Eg. Bertrand. — Les Coprolithes de Bernissart.

*Derniers termes de comparaison tirés du Coprol. quatern. de Hy. crocuta et du Bacillus Coli.
Structure de la gaine ferrugineuse. — L'argile grise et ses corps bactériformes.*

Fig. 179. Les fractures de la pâte.
Les trous à limonite massive.
Gr.   60

Termes de comparaison tirés du Coprol. quat. de Hyena crocuta et du Bacillus Coli.

Fig. 180 Gr.   212   Le Bacillus Coli en culture pure très étalée à sec.   Fig. 181. Gr.   106

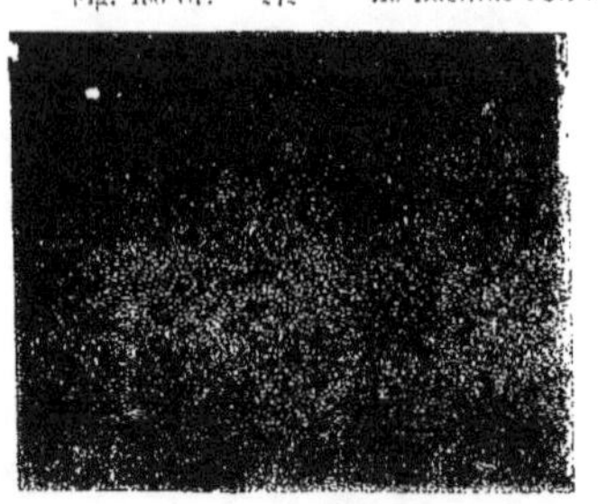

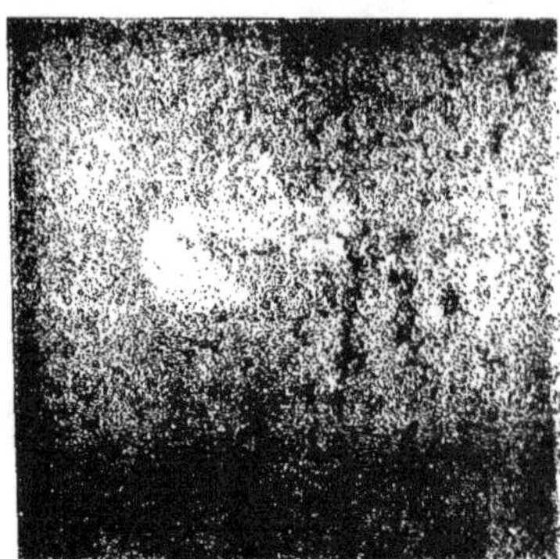

183 à 186. Structure de la gaine
d'enrobement.

Fig. 184. Le réseau pseudocellulaire à noyaux
produit par le retrait. Gr.   406

Fig. 182. Effacement de la structure
de la pâte dans la région silicifiée.
Gr.   96

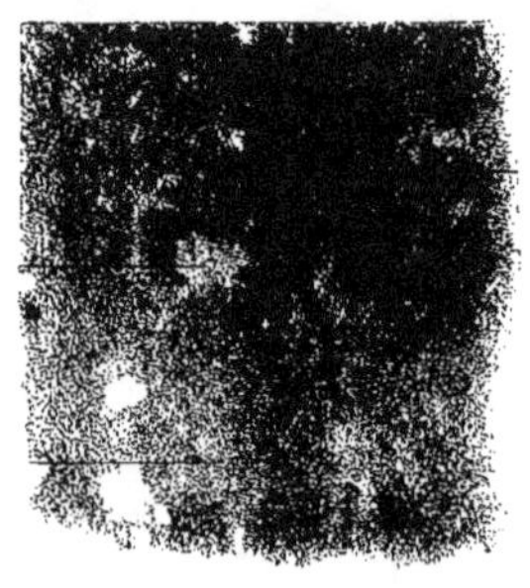

187 à 189. L'argile grise et ses corps bactériformes.

Fig. 187. Coupe verticale de l'argile grise montrant
sa stratification, ses coupures spontanées et une
lamelle d'argile très brune. Gr.   5

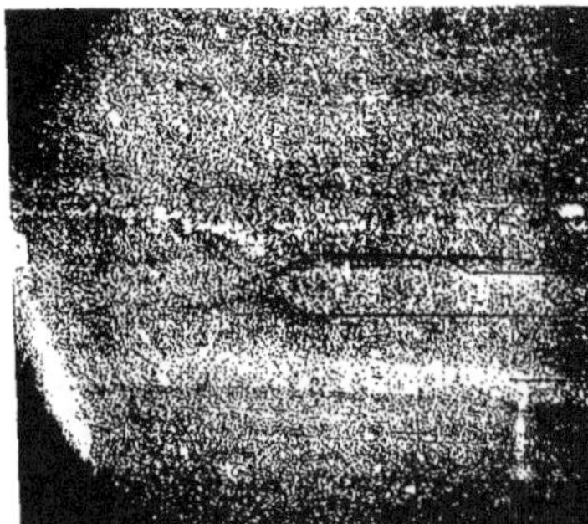

Fig. 189. Section horizont. de l'argile
grise montrant ses corps bacteri-
formes.   Gr.   406

Fig. 185. La limonite en amas réticulés.
Gr.
115

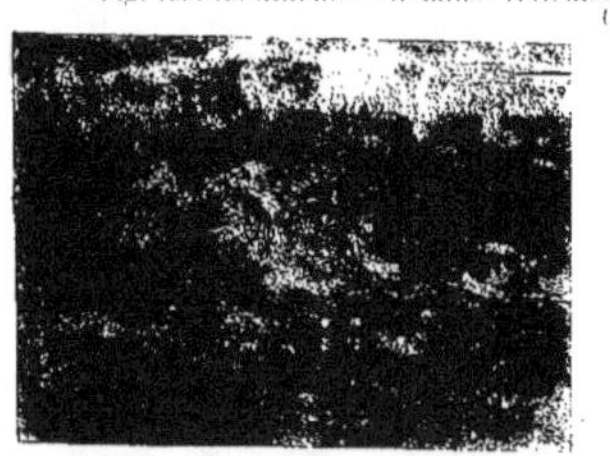

Fig. 188. Coupe horizontale de l'argile grise. Gr.   212

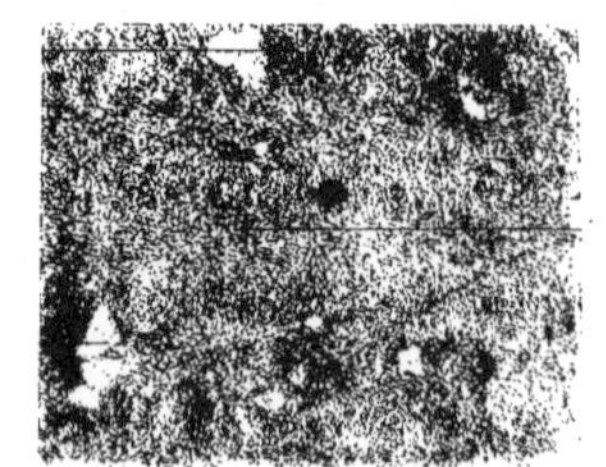

Fig. 186. L'argile grise raréfiée se chargeant de limonite bullaire. Gr.   212

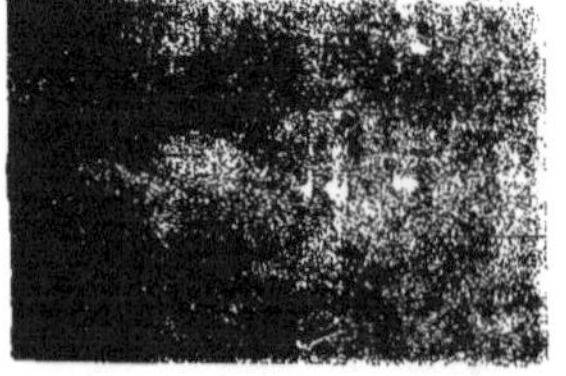

Fig.183. Sect. vert. trans.
de la gaine d'enrobem.
Gr.   2

190 et 191. Le petit Coprolithe isolé du bloc de l'Iguan. Iz.
Fig. 190. Face supérieure.   Fig. 191. Bord concave.
Gr.   0.5   G.   0.5

C. Eg. Bertrand. — Les Coprolithes de Bernissart.

Derniers termes de comparaison tirés du Coprol. quatern. de Hy. crocuta et du Bacillus Coli.
Structure de la gaine ferrugineuse. — L'argile grise et ses corps bactériformes.

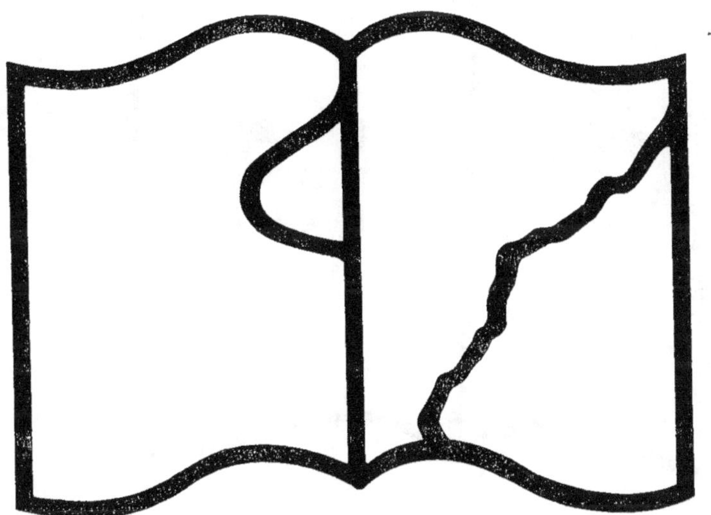

Texte détérioré — reliure défectueuse

NF Z 43-120-11

Contraste insuffisant

NF Z 43-120-14